創業名人堂

Entrepreneurship Hall of Fame

一本屬於台灣創業家的紀錄專書
精選百工職人們的創業故事

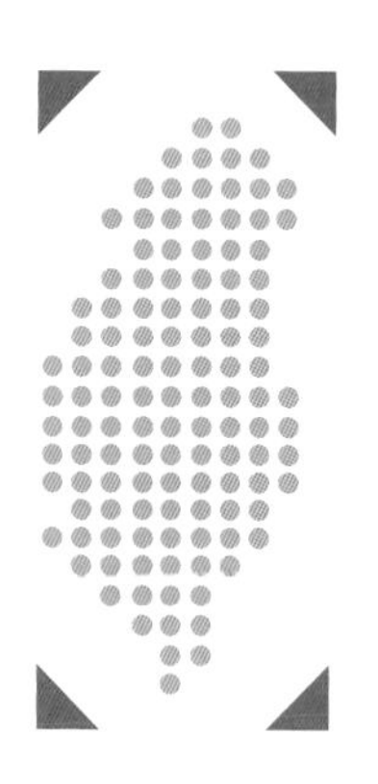

灣闊文化出版社

WAN-KUO CULTURE PUBLISHING

灣闊文化的LOGO，是由許多小點組成的台灣，每一點都代表著創業家心中被點亮的創意。
LOGO 上的紅色三角，則代表著創意不斷向外擴展，讓台灣得以走向世界。

我們深信，所有台灣在地的品牌故事都值得被紀錄，並被永久保存於國家圖書館，讓我們的下一代也能認識，這專屬於台灣的創業名人堂。

推薦序

創造多方共贏的局勢

藍海策略營銷管理顧問股份有限公司於 110 年申請國家專利，本發明是一種不動產交易媒合管理系統及方法，提供管理方受賣方委託管理仲介進行不動產交易的媒合業務，基於專利，藍海創立了有別於市面上全新的商業模式與契約，我們希望透過此專利，帶給所有的正在銷售不動產的業主方便及效率。

建議所有正在創業的夥伴，不要專注於產品和服務能夠賺多少錢，該想的是，這項產品或服務能夠解決民眾什麼問題，設計產品時需以解決民眾問題為目標，如此才能立於不敗；另外，唐僧取經不是等人到齊才出發，創業初期成立團隊亦是如此，勇敢的跨出第一步，是所有成功企業家的共通點！

「創業名人堂」是所有創業人的寶藏，每一篇故事、每一則創業分享，都來自於他們寶貴的人生經驗，值得各位讀者從中挖掘屬於自己的創業寶藏。

——藍海策略營銷管理顧問股份有限公司
行政總監吳琪皇

目錄

二人三毛動物醫院

圖：獸醫師陳禹碩和其妻子范嘉琪

撫慰人心的溫柔醫療哲學

就如同每個人都需要一位專屬的家庭醫師，毛小孩也不例外，寵物的家庭醫師如同滅火器、急救包，是「平時必備，急時救命」的重要角色，能陪伴毛孩子安穩走過生命的各個階段。獸醫師陳禹碩是資深貓奴，遇見狗奴妻子范嘉琪後，兩人一拍即合，2022 年決心共同在台南創立「二人三毛動物醫院」。開業不久後，陳禹碩憑藉著專業、細心及優秀的觀察力，成為不少飼主與寵物尋覓家庭醫師的不二人選，成功幫助毛小孩擺脫疾病的困擾，恢復往昔的活力樣貌。

沒有絕對的醫療，只有最適合的醫療

專長為內科的陳禹碩執業已超過十年，擁有豐富臨床經驗，過去曾在台北、台南等地，在專門治療貓狗急診及重症的後送醫院工作，治療過形形色色的病患，讓他從中培養出敏銳的觀察力，動物身上表現的任何症狀或行為異常，都很難逃過他的「火眼金睛」，成功幫助不少毛孩找出難以察覺的病因。

過去在大醫院執業的經驗，是陳禹碩開設動物醫院的重要養分之一，由於看過各式各樣的病例，治療時他更加敏銳，能察覺出動物細微的異狀，並找出真實的病因。他說：「過去在大醫院工作，還有救治過血肉模糊、腳爛掉或是骨頭穿出的動物，獸醫這個職業可不像是電視裡，穿著體面、只需醫治一些小感冒的工作，其實充滿各種挑戰。」

圖：擁有豐富臨床經驗的陳禹碩，能為每個毛孩子制定最適合的治療方案

每個來看診的毛孩子，對陳禹碩而言都是獨一無二的存在，他相信治療寵物「沒有絕對的醫療，只有最適合的醫療」，比起使用最昂貴的藥物或最先進的醫療措施，針對寵物的年紀、生活樣貌、身體狀況設計「最適合」的醫療方案更為重要。

獸醫的職責不僅是治療動物，也必須關注飼主的感受，規劃治療方案時，他會貼心地觀察、了解飼主與寵物的生活樣貌，給予照護和治療的建議，盡量減輕飼主在照顧面、經濟面或心理層面的負擔。「每一次看診時，除了治療寵物，我也會花很多時間和飼主互動，因為通常寵物生病時，飼主每天都有很多情緒和想法，也會很緊張、不知道該如何是好。因此我會多和飼主溝通，盡量讓他們在內心平靜的狀態下，一起討論治療寵物的作法。」陳禹碩說明。

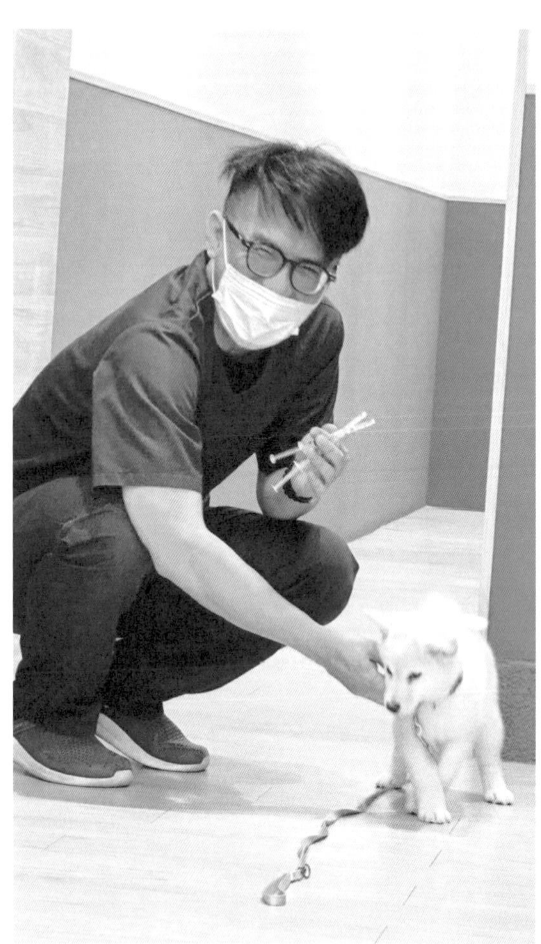

圖：讓生病的動物擁有良好的生活品質，是二人三毛動物醫院重要的醫療目標

避免過度、不必要的醫療，保有毛孩的生活品質

在電視劇中，常常能看到病人臉色憔悴，家屬拜託醫生「無論如何一定要救到底」或「不要讓他太痛苦，就讓他好走」的橋段。這樣的場景其實在動物醫院也不算陌生，到底該急救或放手？寵物的最後一哩路該如何決定，對於不同的獸醫師，有著不同的見解。

把每隻動物都當作家人照顧的陳禹碩，過去也曾看過不少因過度且不必要的醫療手段，導致寵物受苦的狀況，因此他認為，比起傾注一切救到底，動物在治療過程中能感受舒適，且治療後仍舊保有生活品質更重要。

不只是藉由醫療延續寵物的生命，陳禹碩也傾盡心力幫助患有慢性病的動物過上更有品質的生活。儘管創業壓力並不小，他仍積極學習中獸醫，希望能結合中醫溫柔調理動物體質的優點，幫助寵物緩和病情、改善慢性病，使其能在沒有過多侵入性治療的情況下逐漸恢復健康與活力。

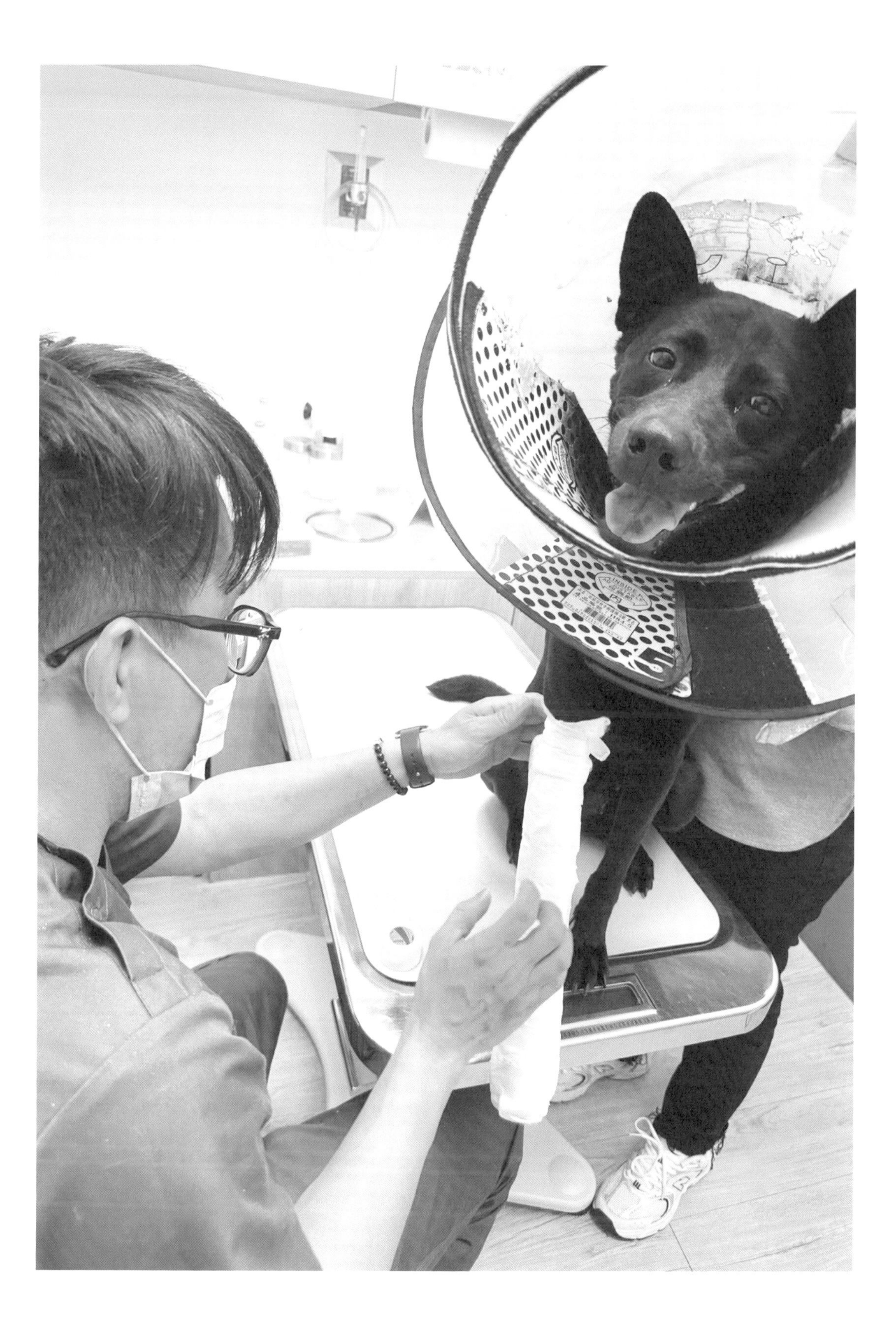

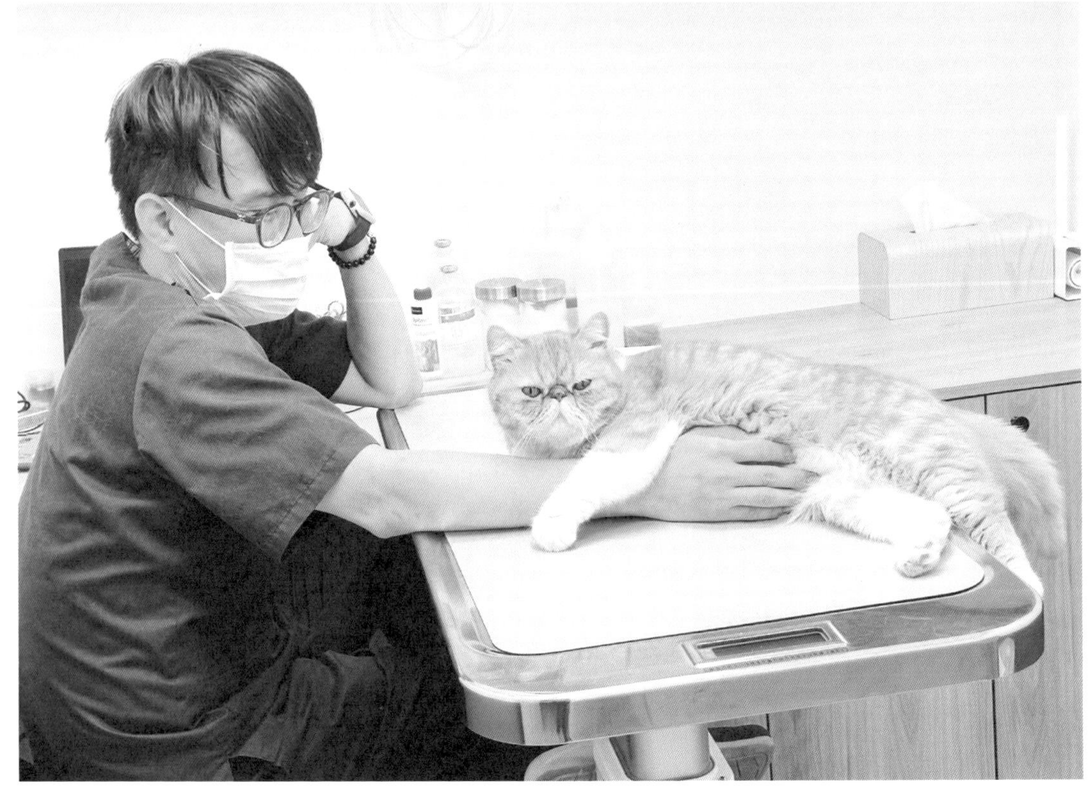

到府安樂，溫柔陪伴飼主走過毛孩生命的最後一哩路

毛孩是人們生活中重要的夥伴，這也帶動動物醫學和動物照護的發展，貓狗平均壽命逐漸增加，邁向高齡化時代。陳禹碩在診間亦留意到，二十歲以上的動物越來越多，如何讓寵物善終，走完生命的最後一哩路，也是他相當關注的議題。

不少飼主都希望毛孩能在家人的身旁及熟悉的環境中離開，二人三毛據此規劃「到府安樂」的服務。「安樂死」需要飼主和獸醫師一同慎重考量，評估寵物的身體狀況、治療選項，同時衡量飼主經濟負擔和照顧能力後，才能思考這項選擇的可能性。

陳禹碩指出，醫療過程中，很多飼主都承擔相當龐大的壓力，他們不知道到底該怎麼做，因此在評估的指標中，飼主的精神和心理狀態，也是重要的一個項目。過去陳禹碩也養了許多毛小孩，第一隻愛貓「薏仁湯」即因反覆腎衰竭，喘到無法呼吸，讓他不得不為愛貓做出安樂死的決定。當藥劑注入愛貓的身體後，他原本搖擺不定的內心漸漸變得穩定，這讓他了解到，安樂死不僅能讓動物不再承受無止盡的病痛，也將飼主從心牢中解放出來。陳禹碩說：「以前我們一位病理老師曾經告訴我們，你當獸醫師，不只要治療動物的身體，還要學習治療主人的心。」他將這句話謹記在心，期許自己在看診過程中，能成為飼主們的溫柔依靠，撫慰其內心的遺憾和傷痛。

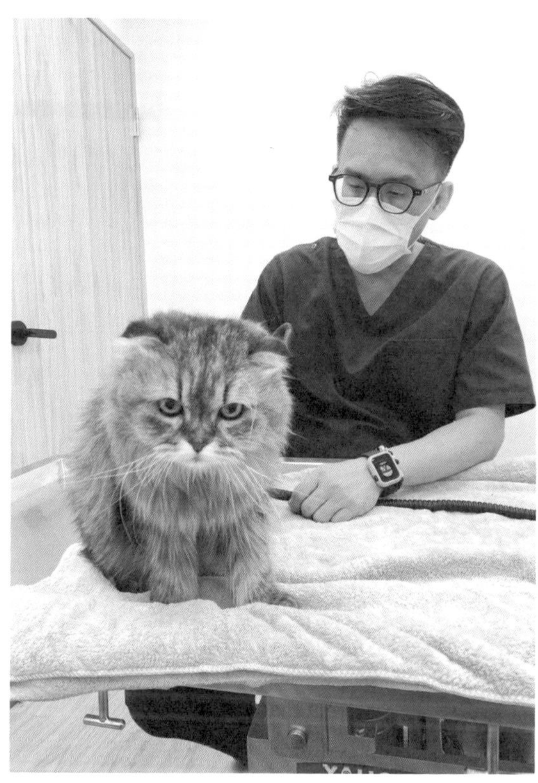

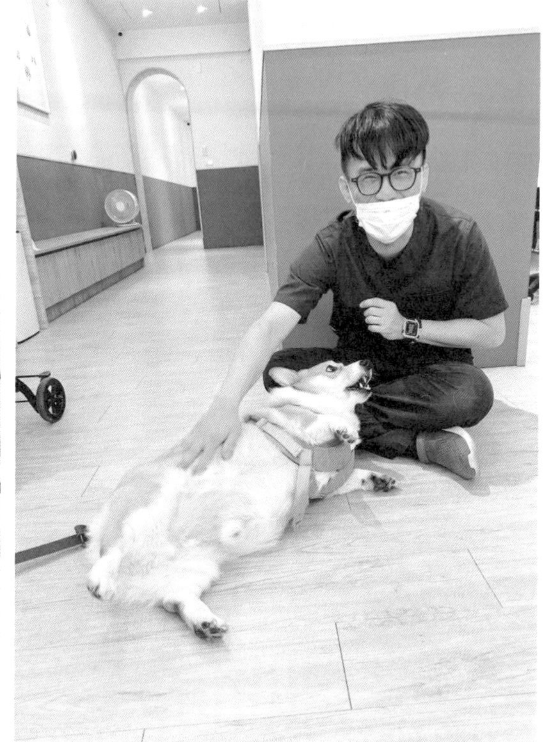

圖：陳禹碩將每個前來看診的毛孩子都視為自己的寵物，愉快地與牠們互動

圖：乾淨、溫暖的空間讓每個到訪的毛孩與飼主都倍感輕鬆

營造咖啡館的放鬆氛圍，毛孩看病不緊張

專業不失感性的看診風格，不僅體現在陳禹碩與飼主和寵物的互動中，也能從二人三毛裝潢風格略窺一二。陳禹碩與其妻子范嘉琪，一同構思空間設計、裝潢風格和動線規劃，二人三毛打破傳統動物診所給人視覺上雜亂的印象，以乾淨、簡單的無印良品風格為主軸，以暖白色和木頭色的傢俱與地板，營造出溫暖舒適的氛圍；前台還擺放一輛造型可愛的玩具車，吸引不少飼主帶著寵物前來看診打卡，這些令人玩味的小巧思，都是他們一同激盪出的創意火花。

另外，為了因應不同動物的習性，狗狗看診間劃分於一樓，貓咪看診間則在二樓，讓空間設計依照動物需求有所區隔，並確保動線的安全細節。目前全台的動物醫院中，只有十多家動物醫院通過「國際貓科醫學會」 (International Society of Feline Medicine, 簡稱 ISFM) 認證，成為「貓友善醫院」，期盼為台南在地社區打造貓友善醫院，也是陳禹碩創業的重要目標之一。

「貓友善醫院」共分為金、銀、銅三個等級，有著多項嚴格的考核標準，其中，提供貓咪專屬看診室或單獨等候區，防止貓狗間的視覺接觸，即是其中一項重要指標。身為多年專業貓奴的陳禹碩，深深了解貓咪的習性，為了讓貓咪看診時能更穩定，他在空間設計上費盡心思，甚至在輕隔間裡鋪上隔音棉，確保空間中沒有吵雜的聲響，驚嚇看診的貓咪。

二人三毛動物醫院的貓狗病房皆使用不銹鋼材質，當寵物住院時，會鋪上乾淨柔軟的墊子，讓動物更加舒服，並安裝監視器方便獸醫師隨時隨地監控動物的恢復的狀況；此外，在貓狗看診間中，皆配有貓狗肌肉骨骼解剖半透明結構模型，方便獸醫師與飼主解說寵物病情。

過去，開設獸醫院的門檻並不高，只要有一位獸醫師、一位助手、看診檯，並租下一個店面即可。但隨著台灣毛小孩健康醫療品質備受飼主重視，為滿足寵物不同階段所需的照護，動物醫院大多會購置 X 光、超音波、手術及療養等設備，也大大提高創業的門檻。

陳禹碩認為，現在獸醫師創業的環境已經不如過去，但為了能帶給毛小孩更佳的醫療品質，必備的設備絕對不可少。目前二人三毛配有人用規格，功能齊全的 X 光機、超音波，已能滿足多數需求；另外，為了讓重症貓狗獲得適切照顧，二人三毛採購日本進口可調整溫度、濕度，供應氧氣的「ICU」，近年來飼主相當關注寵物的牙齒健康，診所也有牙科設備，可提供寵物牙齒相關的治療服務。

除了硬體設備和空間規劃讓看診的貓狗倍感安心外，每一間診療室還貼心地配置空氣清淨機，讓整個空間沒有任何異味，由於各個細節都相當細緻體貼，沒有動物醫院常見的冰冷或壓迫感，不少飼主常笑說來到二人三毛，有時更像來到一間令人放鬆的咖啡館。

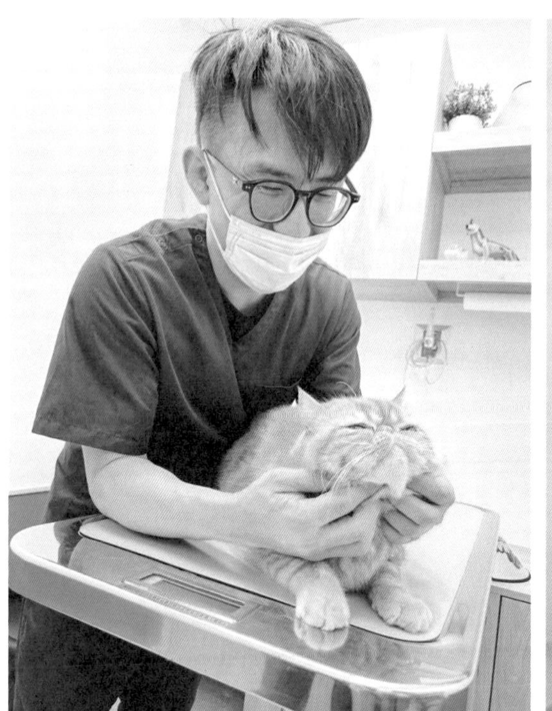

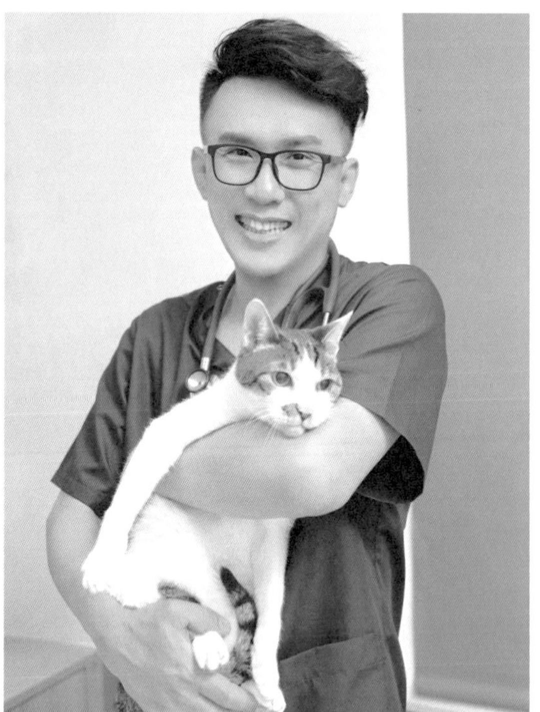

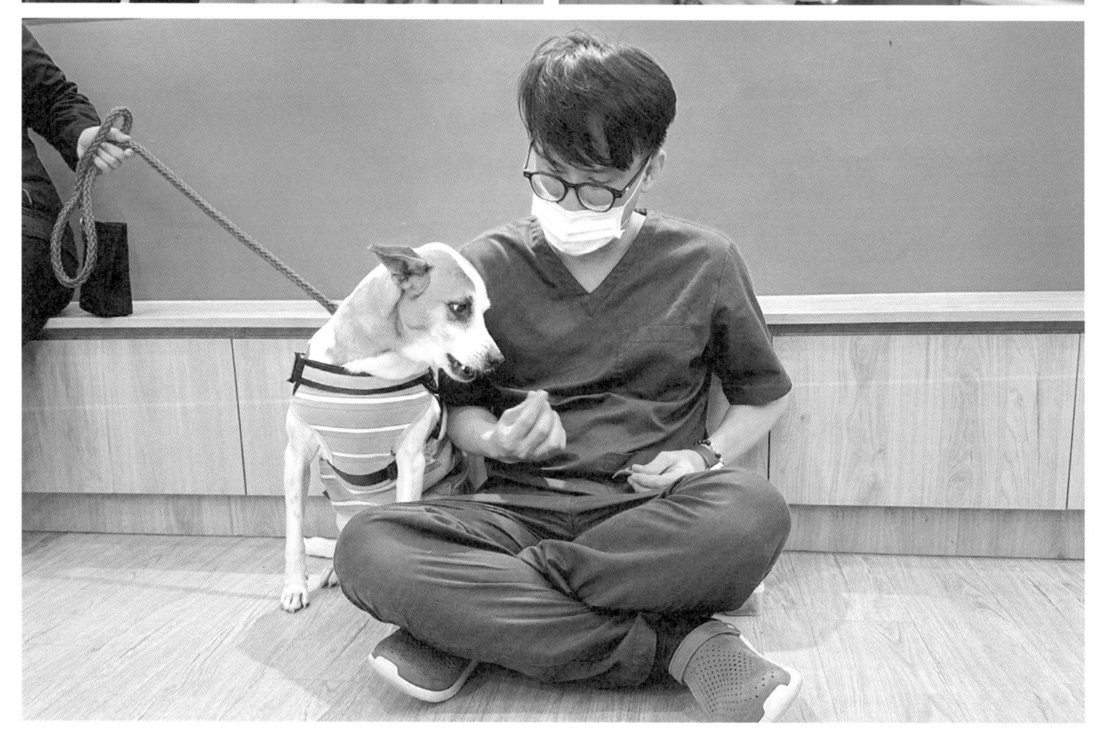

圖：目前二人三毛只有一位獸醫師，未來將招募更多的夥伴

合理透明的收費標準，維護消費者「知的權利」

除了寵物沒有全民健康保險，醫療費用比起人類更昂貴外，不少飼主不敢輕易帶毛孩走進動物醫院的其他原因是「不了解收費詳情」及「擔心醫院漫天要價」。目前，根據獸醫法規定，動物醫院必須公開收費標準，列出收費明細供飼主參考，各縣市如台北市、新北市、台中市、高雄市、台南市等獸醫師公會，也都會公布各區域的收費標準。

收費時，陳禹碩總是秉持「透明」、「合理」的原則，他說：「就像去一家餐廳消費，我不喜歡業者在消費上灌水，給我一些不需要的服務，因此在執業時，若寵物已經有做過相關的檢查並且確診，我絕不會為了牟利，再請他們做相同的檢查。」此外，他也相信每個寵物都有獲得醫療的權利，醫病關係也不該是買賣關係，陳禹碩會體貼地傾聽飼主需求，給予不同的醫療方案，飼主若預算有限，仍舊能讓寵物獲得適當的醫療照護，「許多醫療糾紛往往會跟金錢扯上關係，我們秉持透明化的原則，列出寵物看診每項花費的明細，飼主能向我們索取，列印明細也不會額外收費。」

隨著飼養寵物的人口增多，台灣動物醫院的數量也逐年增加，截至 2023 年已超過 1500 間，飼主擁有更多不同的選擇，如何在創業初期累積飼主與毛孩的信任，在在考驗動物醫院的經營者。陳禹碩坦言，醫院開幕的第一個月幾乎沒有病患，但隨著時間的推移，越來越多飼主帶毛孩看診後，將心得分享到網路，隨著網路傳播的效應，營運也愈趨穩定。

不少飼主熱情分享到二人三毛看病的心得經驗，除了對於陳禹碩精湛的醫術讚譽有加，更是因為他對待毛孩的態度充滿溫度，宛如是自家寵物，讓飼主相當印象深刻，有時醫院的工作人員還會送上小零食與毛孩互動，讓看病、健檢、打預防針等，不再是毛孩畏懼的苦差事。

儘管目前二人三毛只有一位獸醫師，陳禹碩也著手規劃未來要招募外科或特寵科醫師，一同打造多方位的寵物健康照護環境，他認為動物醫院若能有完善的專業分科，能增強醫療品質，為毛孩提供更細緻的服務。台灣社會不僅人類高齡化，連寵物也即將面臨高齡化趨勢，擁有一位了解自家毛小孩的獸醫師，絕對是飼主照顧高齡寵物的神隊友。

品牌核心價值

我們是熱愛動物的獸醫師跟護理人員組成的動物醫院，我們希望透過正確及溫暖的醫療護理行為為毛小孩及家長帶來不一樣的體驗。

經營者語錄

沒有絕對的醫療方式，只有適合的醫療方法。

給讀者的話

身為獸醫師，不只要治療動物的身體，還要學習治療主人的心。

二人三毛動物醫院

診所地址：台南市安南區海佃路一段 213 巷 26 號

產品服務：內科、心臟科、腎臟科、皮膚科等等

Facebook：二人三毛動物醫院

聯絡電話：06-250-8282

素顏女神妍究院

圖：素顏女神妍究院創辦人 Frances Wu

以紋繡創作美的數百種面貌

不少美業從業者都視數據分析為「毒蛇猛獸」，避之惟恐不及，但位於台南的「素顏女神妍究院」創辦人 Frances Wu（吳芳諭）卻非如此，她擅長巧妙地運用數據統計、客戶溝通等軟實力，從中梳理出一套能在競爭激烈的紋繡市場中，讓顧客頻頻點頭的理論與邏輯，創業短短數年，Frances 就收穫眾多的忠誠顧客群，交出一張耀眼的成績單。

硬功夫軟實力，打造讓人移不開目光的紋繡設計

眉毛可謂是影響五官最重要的靈魂角色，如果眉毛和臉型無法和諧般配，再完美的妝容也是白搭。一直以來，Frances 對美的事物深感興趣，她熱愛尋找、發現新的美感，並應用於紋繡設計。不少人在尋覓紋繡店家時，看過各式各樣的紋繡作品，多方比較價格後，最終仍選擇素顏女神，最大原因是 Frances 的眉型作品獨特精緻、渾然天成，不似坊間千篇一律的樣板感。

設計眉毛前，Frances 會仔細地觀察顧客臉部骨骼、肌肉線條、臉型特色和皮膚狀況，畫眉時，十之八九就能判斷出顧客的生活習慣，例如是否是左撇子、側睡的方向、歪頭等習慣。這些宛如福爾摩斯的精準推理，完全是她無師自通，長期觀察、印證下的成果，常讓顧客嘖嘖稱奇，大聲驚呼「你怎麼會知道？」。

Frances 表示，有些人有高低眉、大小臉或眼角歪斜的問題，即使一般人不會注意到，但紋繡師必須仔細觀察顧客臉部特徵，據此設計眉型，才能就此隱藏缺點，同時放大顧客的面部優點。

圖：寬敞舒適且採光明亮，每個小角落都藏有 Frances 別出心裁的巧思

從不使用模版為顧客設計的她，對於眉毛的對稱度也有高度要求，Frances 說：「有時顧客會有些不耐煩，但如果我沒有比你龜毛，就換你對我挑剔！」

設計出一個完美又深獲顧客喜愛的紋繡作品，考驗的不只是紋繡師的硬功夫，更需要「顧客溝通」的軟實力，許多消費者在紋繡前往往不了解自己適合什麼，亦或搜遍網路相關資訊，反而加深內心的選擇障礙；紋繡師如何陪伴、引導顧客找出適合的眉型，並挖掘出消費者內心真實的想法，就成了決定服務成敗最重要的關鍵。不少顧客會告訴紋繡師「自然、適合我就好」，但紋繡師認定的自然，和消費者內心的期待有時不盡相同，因此 Frances 認為紋繡前，更重要的是要與顧客從眉型、顏色、濃淡，毫不遺漏地一一溝通，設法從中找出顧客既喜歡且適合的平衡點。

有時，店家與顧客的關係很像是諜對諜的心理戰，部分顧客擔心一旦具體說出自己的想法與需求，紋繡師就不會盡心盡力設計。「我會讓顧客了解，適合他的眉毛，未必會讓他喜歡；但他欣賞的不見得真正適合自己，因此所有的溝通重點，無非是希望幫助顧客，在『喜歡』跟『適合』間找出完美的平衡，我也不會完全根據顧客想法，如『抄答案』般做出設計。」Frances 表示。

Frances Wu

Frances Wu

精準數據統計，徹底洞悉每位消費者

有些人認為美業僅僅是純技術的產業，但在競爭白熱化的美業市場中，想要脫穎而出得到顧客支持，專業技術僅是其中一項原因，創業者更需要不斷優化個人形象、裝潢環境、服務流程等細節，透過統計累積經驗值，進而形塑出獨一無二的經營理論。

從小就讀數理資優班的 Frances，除了擁有對美好事物的熱忱，也相當喜歡探索問題的本質和原理，「什麼手法搭配何種客人能達成高成交率」、「什麼臉型搭配什麼眉型，能促成高買單率」、又或者是「何種顏色搭配何種質感，能帶來顧客高滿意度」，她以多年時間不斷抽絲剝繭，分析顧客的反饋並觀察市場趨勢，建立出一套他人難以模仿複製的成功心法，長期下來也大大提升顧客的黏著度。

儘管創立品牌僅五、六個年頭，Frances 就交出一年服務上千人的好成績，但她絲毫不敢鬆懈，閒暇之餘仍舊擠出時間，使用社群媒體了解時下年輕人的彩妝喜好與風格，並且參加進修課程。她認為，儘管在少部分課程，沒有得到太多技術層面的收穫，但每一次進修，都還是能從講師的口條、課程行銷策略或是個人形象塑造等處，學習到不同的事物，這些學習都不會白費。她說：「世間最可怕的事，莫過於比你強的人還在不斷前進，因此我們必須保持空杯的心態，持續進修、創造自我特色，才有辦法在競爭的市場中突破重圍。」

圖：持續進修、打磨專業是 Frances 獲獎無數的原因之一

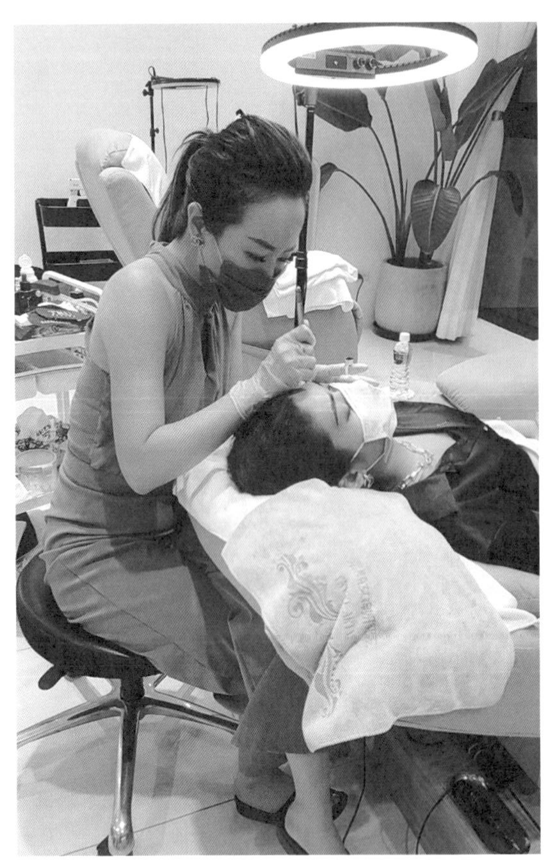

圖：專業技術與細緻的服務態度是顧客不停推薦素顏女神的最大原因

魔鬼隱藏在服務細節中，創造絕佳顧客體驗

過去幾年因疫情衝擊，不少美業店家業績大幅下跌，但素顏女神卻絲毫沒有被影響。Frances 自認或許自己不是市場上最厲害的紋繡師，但除了技術層面，她花費不少心思讓服務細節更加完善，並且努力提升親和力和細心度，更在碰到顧客各種「疑難雜症」時，積極展現解決問題的能力。她表示，毫無疑問，每個顧客都喜歡被重視與救贖的感覺，這也是經營品牌時不可忽略的重點。

為了帶給顧客更好的體驗與感受，Frances 相當重視服務前的準備，以唇部紋繡而言，她會製作色卡供顧客選擇，並提前告知顧客最後的作品顏色。她表示，每個顏色會因為不同的體質、皮膚修復情形有所差異，因此在實際服務之前，若能給予顧客正確的心理期待，也會提升顧客的信任度，降低後續糾紛的可能性。

此外，現今不少男性也有眉毛、嘴唇、髮際線紋繡的需求，如何掌握溝通時的氣氛，讓男性顧客同樣擁有舒適的消費體驗，也是一項不可忽略的重點。Frances 舉例，有些男性因為抽煙、

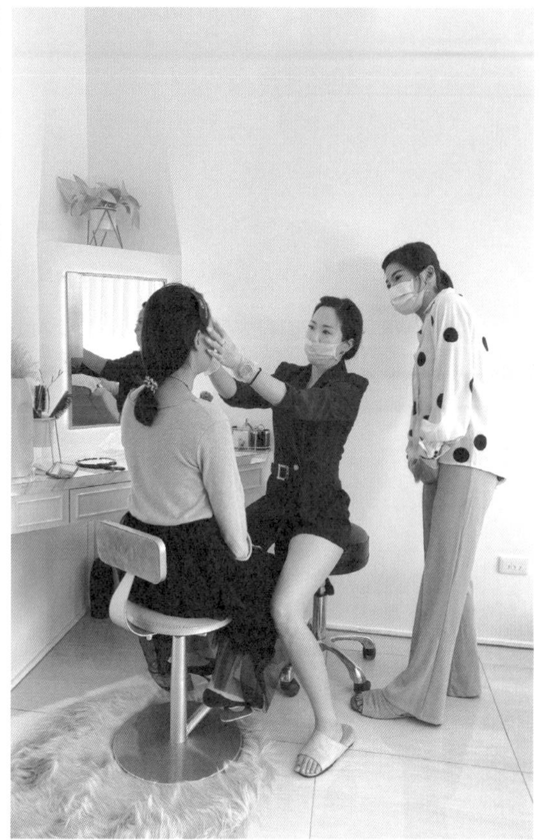

吃檳榔的關係，嘴唇色澤偏紫黑，在了解顧客需求時，她會運用「比較級式」的溝通策略，例如「你想要的是自然健康的唇色」還是「希望有潤色護唇膏的效果」，引導顧客說出內心需求。服務較為中性的男性顧客時，Frances 也會盡量避免使用帶有過多性別意識的詞彙，只專注於與顧客討論對唇部色澤的喜好，希望讓任何性別的顧客來到素顏女神時，都能感到安心與自在。

整體而言，多數男性顧客都以自然、無妝感為眉毛紋繡的主要訴求，因此著重手法跟技術的「線條眉」則成了不少顧客的首選；線條眉的毛流排列有上百種，紋繡師必須用以假亂真的方式，把人工後製的表面微創有色線條，巧妙植入原生髮的毛流中，才能達到自然仿真的效果。Frances 指出，設計線條眉時，若是盲目複製線條公式、缺乏思維轉換，很容易造成成品不自然。

紋繡在男性族群中興起，儼然成為一種展現個性與風格的時尚潮流，不少人笑稱自己在素顏女神紋繡後便桃花朵朵開，徹底從「宅男變渣男」。Frances 認為會帶來如此巨大的改變，最主要的原因是當一個人覺得自己變好看時，也會連帶提升自信心和吸引力，進而帶動更多社交的機會。

小班制教學，徹底避免學習誤區

俗話說：「當學生準備好時，老師就會出現。」從紋繡師轉換身分從事教學，原本不在Frances的規劃中，但有個顧客因為相當欣賞她的作品，不停地表達希望能向她學習，幾番懇求後，Frances也被學生的熱忱打動，終於正式開班授課。

為了能夠因材施教，各個擊破學生學習上的問題，Frances採取小班制教學，最多只收四名學生，她毫不保留將她多年來鑽研、發明的手法，分享給學生，同時也一一教授多年來她實作的品牌行銷、個人形象塑造策略與心法。她時常向學生耳提面命「個人形象」的重要性。她說：「我認為一個合格的紋繡師，必須要相當重視自身形象，穿著打扮不能太過休閒或運動，因為透過外型，你能有效地對顧客展現出『我能把你變美』的能力，這也才能贏得顧客的信任。」

不少人得知Frances開始授課後，也紛紛詢問她難道不擔心因此被取代嗎？Frances表示：「我不怕人學，也很驕傲學生能比我更強，況且我認為市場永遠不會飽和，只會不斷重新分配或洗牌。」Frances總抱持希望學生青出於藍勝於藍的心態，期待為有熱忱且積極的學生，在紋繡領域中打下穩固基礎。

創業多年Frances已形塑出堅定且正向的信念，初期也曾因顧客流失而深感挫折，但隨著不斷精進技藝，同時關注服務細節與顧客溝通，漸漸一掃流失顧客的陰霾，由於業績蒸蒸日上讓她更加認知到：「在服務業，顧客來去都是常態，只要專心做好熱愛的事，不要因得失心影響情緒，就不需要卑微地強留顧客，20%的市場就足以支持品牌永續經營。」

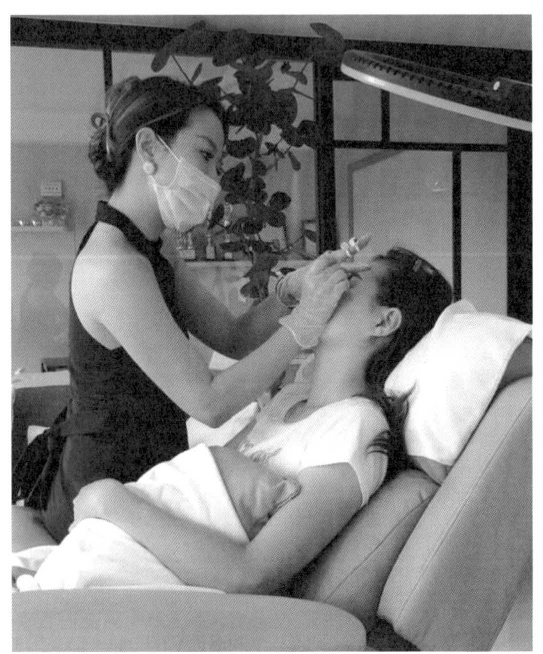

圖：小班制教學有效確保教學品質和學習效率

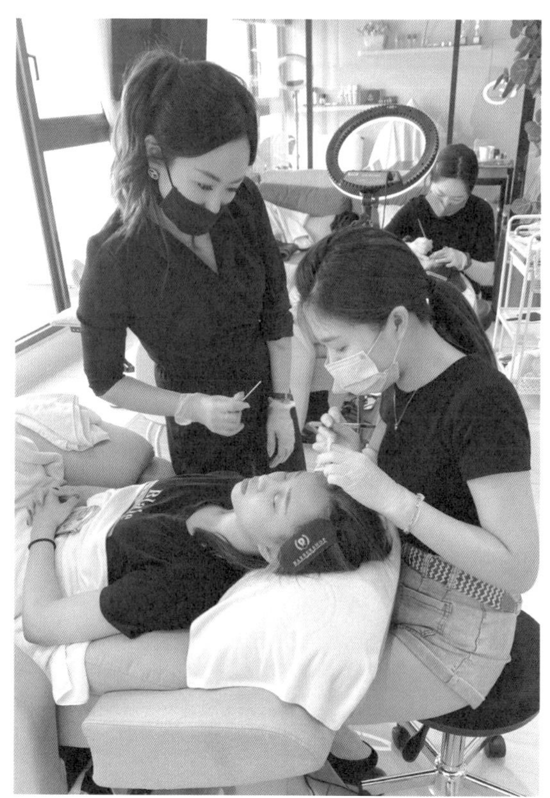

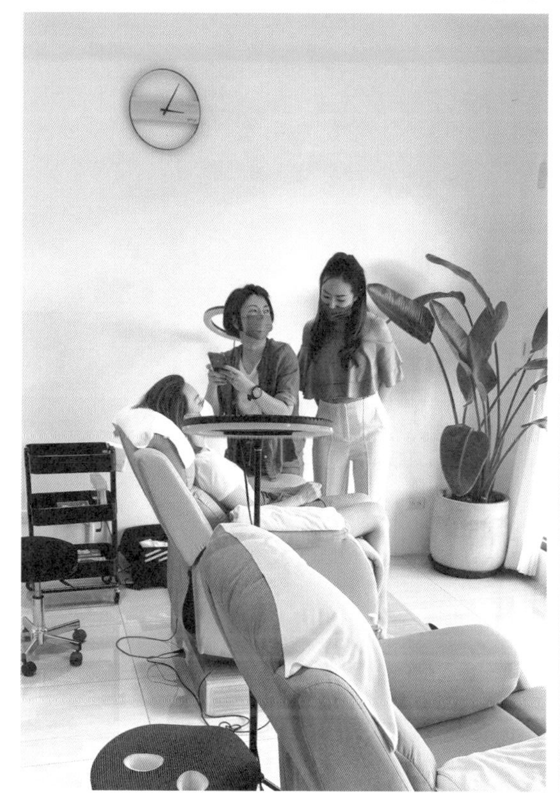
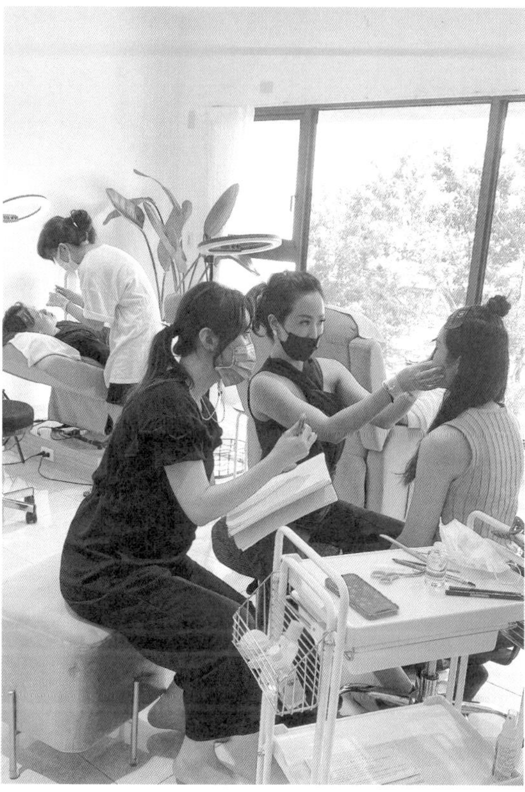

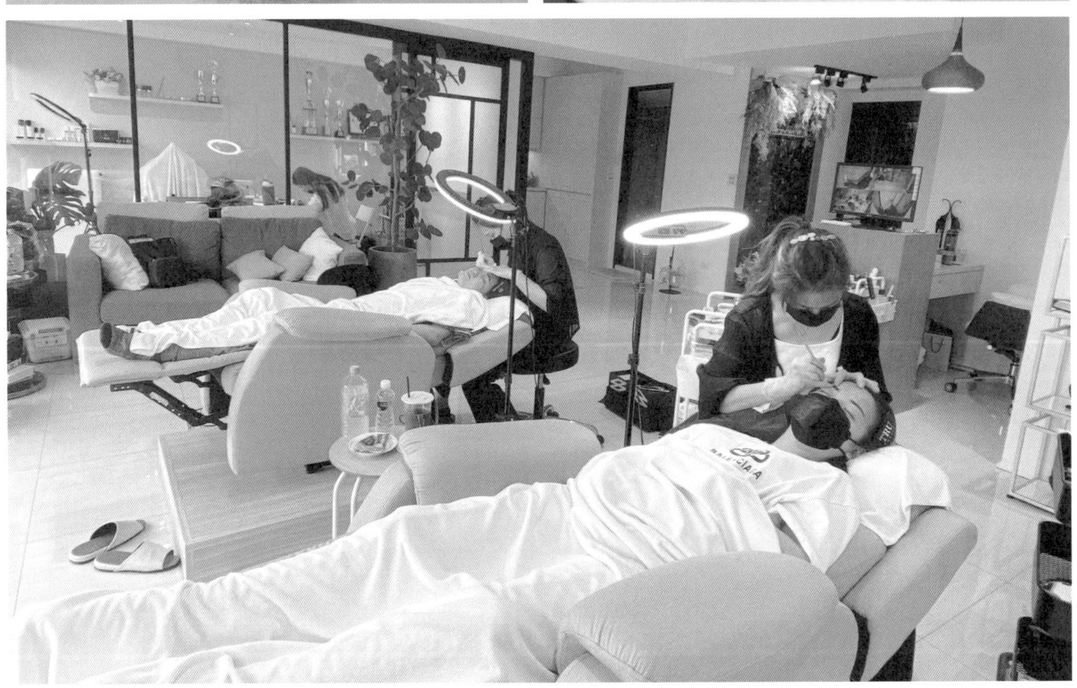

圖：素顏女神妍究院的空間裝潢、硬體、軟件、燈飾都是 Frances 親力親為設計

沒有奇蹟只有累積，成功來自無數次的練習

越來越多人看見美業的機會和前景，前仆後繼開始學習，但真正成功轉換跑道或發展成副業的人卻寥寥無幾。究竟什麼樣的學生最後能以此為業呢？ Frances 認為，一般而言，經濟窘迫且無退路的人，期待未來能仰賴紋繡作為職業，有著更深刻的學習動機，才會努力地逼自己練習。「這就像當初的我，我也是覺得已經沒有其他選擇和退路，才會在下班後又有孩子的狀況下，擠出時間積極學習。」素顏女神的成功並非是一項奇蹟，而是 Frances 犧牲休閒娛樂時間、蠟燭兩頭燒的成果。她原本是貿易公司的上班族，由於孩子出生後感到經濟窘迫，不得不思考如何開拓多元收入，她發現眾多美業項目中，紋繡的投資報酬率較高，便一頭鑽進紋繡的世界中。

學成後，由於沒有足夠的經驗，她像是遊牧民族般與不同的店家合作，也曾挨家挨戶陌生拜訪美業店家來尋找合作機會，儘管第一年客源不穩定，但懷抱正面信念的她不因此灰心，她努力地透過身邊親友和社群媒體尋找模特兒，只要有人願意給予機會，便傾注心力服務。在兩年兢兢業業地兼職工作，紋繡副業收入超出正職許多之際，Frances 總算有足夠的底氣創立個人品牌。她告訴學生，成功絕對不是偶然，就如同一個鋼琴家，彈奏美妙樂曲的背後，必定是經年累月的練習，表面的光彩來自於犧牲健康、睡眠、時間、朋友圈、親情及娛樂所成就的結果。

儘管目前素顏女神已有相當穩定的客源，但 Frances 仍舊十年如一日戰戰兢兢地服務顧客，絲毫不敢懈怠，一天甚至工作長達 12 個小時。她坦言，有孩子的女性在創業初期，要想達到家庭與工作平衡的狀態並不容易，往往需要親人的支援。她說：「『重質不重量』是我的育兒方法，我每週一定會有一天全心全力地陪伴孩子，安排活動一起出遊。」

回顧過往，決定創業時，身旁親友相當擔心她育兒的同時又離開穩定工作，若投資失敗該怎麼辦。Frances 說：「當時的我只有一個念頭，即使失敗頂多回到原點，但若不去嘗試，永遠沒機會證明自己是對的。」數年後，素顏女神的成績也應驗她的信念。展望未來，Frances 並不急著擴展店面，她相信只要莫忘初衷，站穩腳步，繼續提供顧客高 CP 值的平價消費與高級舒適體驗，所有的一切終將水到渠成。

給讀者的話

技術、美感、服務是紋繡師必須具備的三大條件，缺一不可；同時，紋繡師必須持續進修，樹立獨特風格，才能在競爭激烈的市場中突破重圍。

品牌核心價值

最擅長「客戶溝通」與「數據統計」的美業品牌。

經營者語錄

市場永遠不會飽和，只會不斷重新分配洗牌。

素顏女神研究院

店家地址：台南市南區大成路 1 段 130 號 2 樓

聯絡電話：0915-000-671

產品服務：高質感霧眉、男士 3D 立體飄眉、絲霧眉、水嫩蜜桃唇、極緻美瞳線、髮髻線精雕填補術、頭皮疤痕填補、紋繡精緻班教學

Facebook：素顏女神研究院—霧眉 / 蜜桃唇 / 美瞳線 / 髮際線設計

苗栗心安診所

圖：苗栗心安診所創辦人楊宗衡院長

整合專業與科技的糖尿病專門照護診所

在這個世界上，我們每天都在不停地奮鬥，哪怕是在那些看似平凡無奇的日子裡。生活總是充滿了瑣碎挑戰，但還有一位默默來訪、悄無聲息的特別訪客，悄悄地闖入了許多家庭，成為了他們長久以來不得不付出時間和金錢、不斷做出犧牲、應對和抵抗的噩夢。沒錯，就是我們熟悉的「慢性病」。其中，又以必須定期檢測、控制飲食與管理血糖的「糖尿病」，對患者的日常生活和身心健康造成了極具深遠的影響。深耕於苗栗的心安診所，秉持著「心安用心，全家安心」的服務理念，整合多科醫療專業及「智抗糖」即時照護系統，透過豐富的臨床經驗與持續的關懷，以「糖尿病患守護者」之姿陪伴病患和家屬一同走在這場長遠的戰役之中，成為苗栗地區慢性病治療之領航者。

偏鄉落地生根，實踐醫者仁心理念

畢業自中山醫學大學醫學系，專精於家庭醫學、老年醫學和肥胖醫學的苗栗心安診所楊宗衡院長，在訪談間以其專業知識與臨床經驗，充滿關懷及用心地談起他在醫院工作之後，毅然決然地前往苗栗偏鄉地區服務，並於數年後決定在當地落地生根所恪守的理念。「作為家庭醫學專科醫師，我覺得在繁榮且醫療資源多的都會區無法完全發揮這方面的專業，所以當時立志前往醫療資源相對貧瘠的地區看診和服務；離開醫院後的第一站，我來到苗栗縣泰安鄉山地醫療診所，並且在此服務五年的時間。」

所謂的家庭醫學科，即是一種該科醫師需具備融會貫通，能夠即時初步處理一般內科、外科、小兒科及婦產科等專科的醫療專業。楊院長表示，位處都會地區的病患較容易找到能對應其病症的專科醫師，相反地，在醫療資源不甚豐富的鄉下地區，則需要有家庭醫學科的專科醫師，為病患處理各種疑難雜症，「身為家庭醫學專科醫師，我認為十分適合在苗栗落地生根，不僅能發揮自身專業，亦能為偏鄉民眾服務，補足醫療資源不足的現況。」

然而，就在楊院長決心留下，於苗栗當地開設診所並且努力達成先前立下之目標和理想時，一場已然肆虐全球的新冠疫情殘酷而無情地降臨台灣本土。楊院長回憶道：「診所即將開幕時隨即遇到本土新冠疫情暴發，第一個面臨到且讓人猶豫的問題是……是否還要開業？」凡事總是一體兩面，此路不通，換一條道路開拓，仍會是柳暗花明，楊院長亦是秉持著如此開放的心態與靈活的思維，重新為診所找到經營的主軸及方向。

「新冠疫情期間各行各業面臨巨大衝擊，不少診所也在此期間倒閉，我便思考……不如順勢而為，不看感冒、腸胃炎等急性病，改以慢性病為看診主軸，如此一來不僅能大幅減少診所人流，也可讓對於前往大醫院就診有所顧慮的民眾，有個能夠安心追蹤和治療慢性病的醫療環境。」在變動的時空背景之下，也許未能事事兼得，但若懂得適時放棄及彈性調整，便會迎來如同楊院長所提及的「有捨有得」之成果。

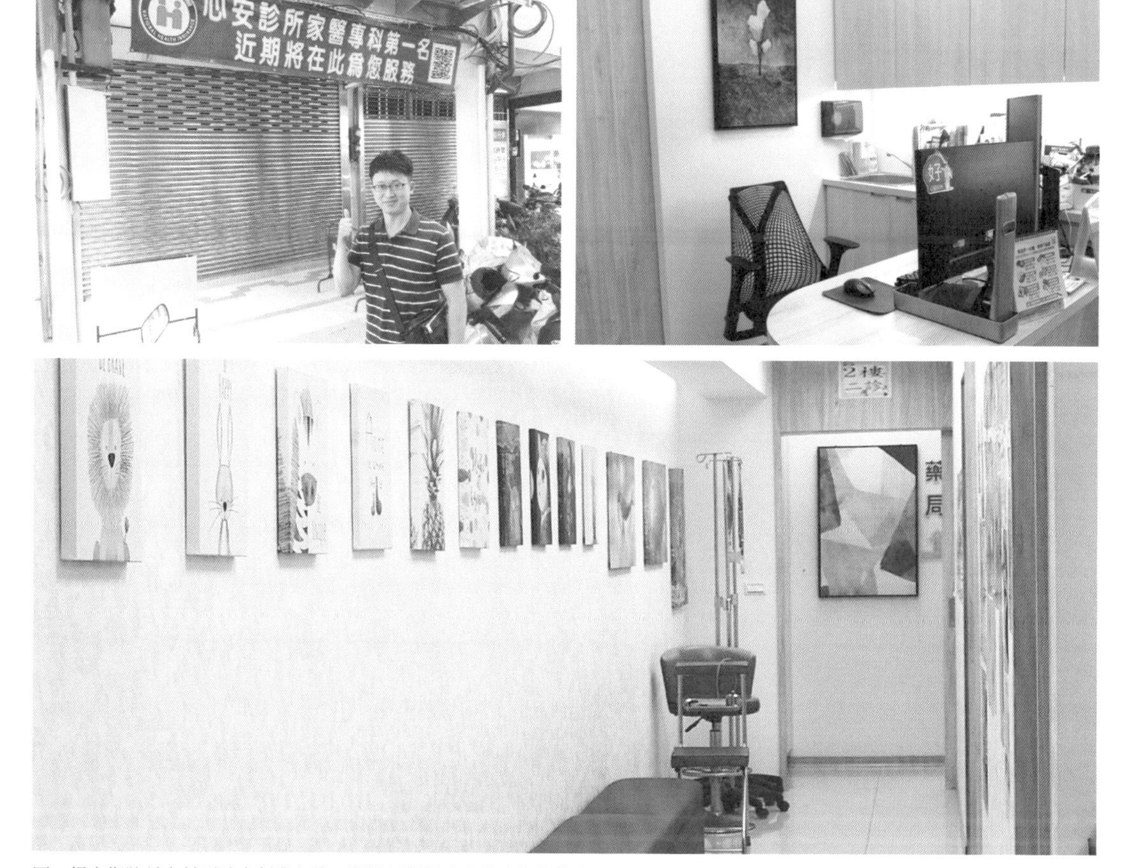

圖：楊宗衡院長在苗栗踏出創業之路，開設以慢性疾病診療為主的心安診所，並連續於民國 110、111 年榮獲「健保署糖尿病照護品質卓越獎」

圖：良好的溝通為建立優秀團隊的基礎，亦推動團隊的成功與成長

當專科醫師成為診所院長：從專業到創業的轉變歷程

除了開業時遭遇新冠疫情的衝擊，楊宗衡院長從專科醫師晉升為診所院長後，面臨的不僅是身分上的轉變，也遇見了全新的挑戰，那是他過去在醫院未曾學習和訓練過的事情。楊院長分享，「從前在醫院時，作為一名醫師只需要良好地發揮自己的專業，專心為病人看診及治療，無需費心醫院其它領域的事情；但是自己創業之後，則會遇到許多以前醫師訓練的過程中不會碰到的事項，諸如尋找開業地點、醫藥採購和人力資源運用等問題。」

身為一名診所院長，楊院長除了必須關注病患的醫療需求，有效地將資源予以分配，同時亦需要密切地與團隊溝通合作，以確保診所維持正常運作，提供病患最高品質的醫療服務；而在諸多繁雜的事務之下，對楊院長來說，最具挑戰性的則是人事方面的事務。

「人事在講求專業的領域之中為非常重要的環節，特別是醫療領域。擁有專業執照的人員，其因專業而握有的底氣會使管理相對困難些，尤其當一人要開始管理其它專業類別時，不同的專業之間很容易發生意見上的衝突，因此，讓團隊朝向一致的目標前進，會是一位診所管理者最需要花費時間與心力去溝通的部分。」楊院長指出。

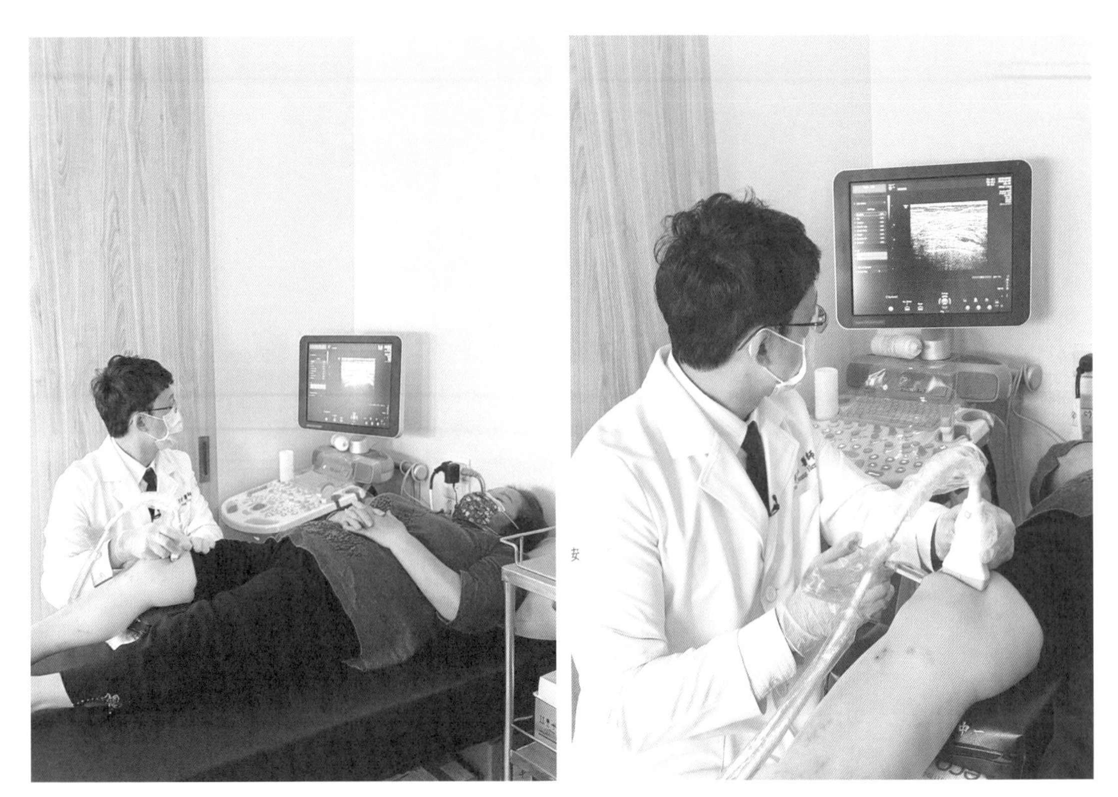

圖：超音波導引關節注射，秉持著專業與用心，心安診所醫師團隊為每位患者提供個別化的治療方案，陪伴患者在細心的照護之下邁向康復

心安診所，讓人安心的慢性病守護者

作為一家糖尿病專門照護診所，心安診所的目標不僅是建立一個溫馨、友善的診療環境，更重要的是能夠完善地提供病患最為即時的關懷與專業的診治，以彌補大醫院至少每個月才可回診一次，每次門診僅有五分鐘，無法積極達成的個別化治療之理想。

對此，心安診所整合多專科（家醫科、老年醫學科、內分泌暨新陳代謝科、小兒科）醫師、藥師、護理師、營養師和糖尿病衛教師為專業團隊共同協助，並借助業界領先的「智抗糖」APP 追蹤病患的血糖、血壓數值，予以即時性的回應及評估，從而達到有效的追蹤和診療效果。「開設診所兩年多，我們的糖尿病患數在極短的時間內達到醫院層級的一半，目前仍然持續增加中。」楊院長所道出的不只是一份數據，更是病患對心安診所的信任與支持之具體展現。

此外，心安診所的醫師團隊不只專注於糖尿病治療，對於其它慢性病如：高血壓、腎臟病、甲狀腺疾病以及退化性關節炎皆具備專業知識和相關經驗，診所內亦配有數位 X 光機、超音波、心電圖機、全自動眼底攝影機、高階體組成分析儀等先進醫療設備。願以專業、關懷和全面的照護，致力於提供全苗栗最佳的醫療服務，同時提升慢性病患者的健康及福祉。

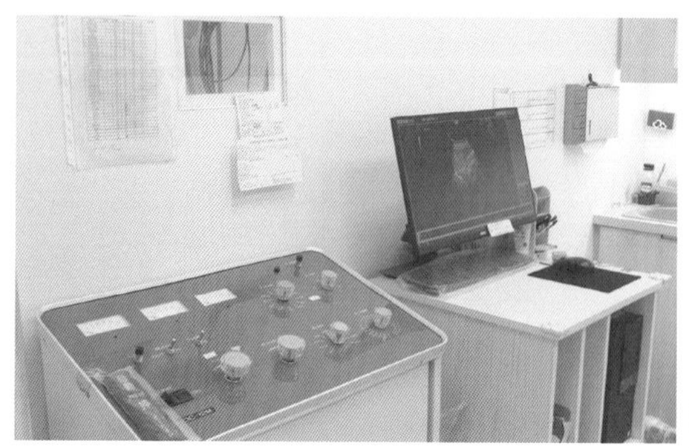

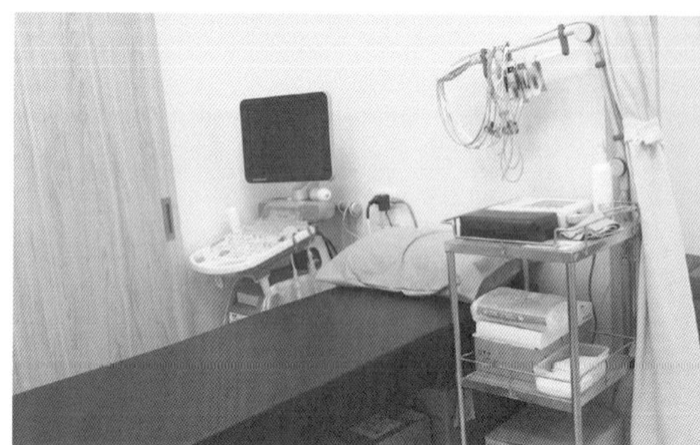

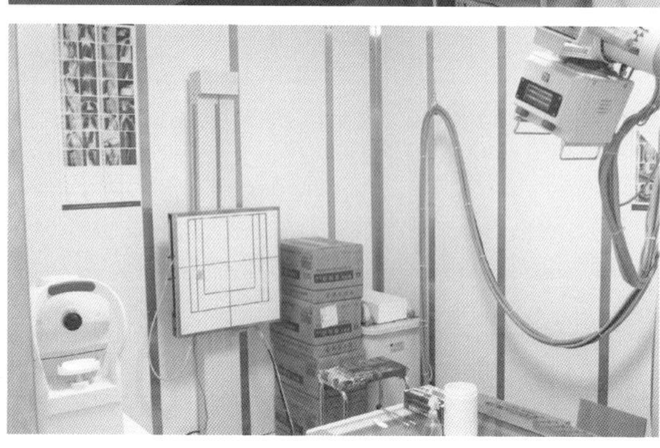

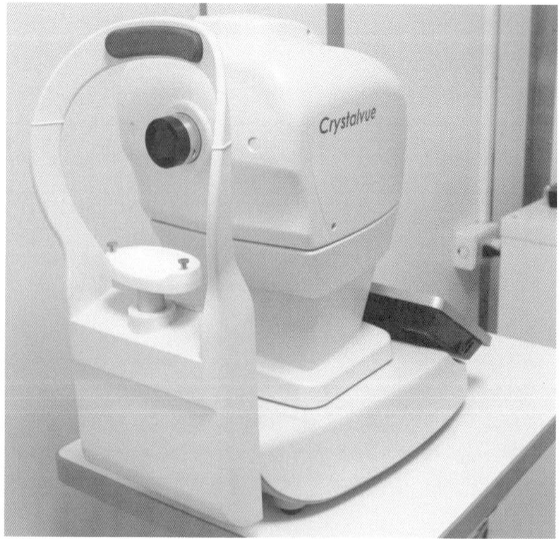

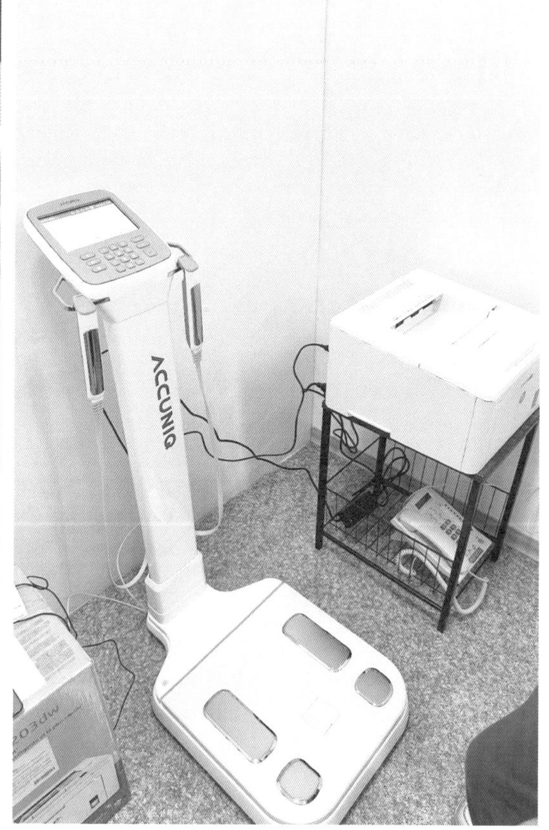

圖：心安診所引進先進醫療設備，為患者的健康做完整的把關，
醫療儀器左排圖由上至下，分別為：數位式 X 光攝影、超音波及心電圖、X 光攝影鉛室、X 光放射機，
右排圖由上至下，分別為：全自動眼底攝影機、高階體組成分析儀

圖：過去為家庭醫學科專科醫師考試榜首，擁有深厚糖尿病等慢性病臨床經驗的楊宗衡院長，平時專注診療及關切患者，亦致力於向大眾分享自己的專業知識

圖：深耕於苗栗的心安診所，秉持著「心安用心，全家安心」的服務理念，守護在病患和家屬左右

醫師視角下的品牌創業與經營之道

醫師與創業家兩種身分雖然互不衝突，其所承擔的工作與責任卻也是截然不同的。楊宗衡醫師認為，醫師跨出醫院到外面開設診所，從不需要擔心周邊事項到事事皆需勞心費神，著實有著巨大的落差，他為此誠懇地分享，給予想創業的醫師們寶貴的經驗談以及由衷的建議。

「全台灣的診所比 7-11 更加密集，因此，若沒任何的準備便貿然開一間診所，那麼很有可能會面臨創業失敗的結局。我個人的建議是，先至管理有方的診所，向有經驗的前輩學習，待準備好且有相當程度的把握後，再考慮創業和經營自己的診所，相信會有更高的成功機率。」楊院長談道。

在開始創業後，能夠成功而長遠地把品牌經營下去，必然是每位經營者所冀望之事，楊院長以自身經驗發表獨到的見解，他提到：「經營任何品牌，最重要的是擁有一個清晰的經營主軸，隨後依照該主軸設立目標和工作項目，而管理者亦要注重與團隊成員持續共同成長，積極定期進修與訓練，才能實現品牌的永續經營。」

「心安用心，全家安心」——除了成人的慢性疾病，心安診所未來亦會投注醫療資源於小兒專科，以達成全家庭照護的理念與使命；在不久的將來，於苗栗其它鄉鎮開設新據點更是心安診所即將投入之業務，患者無需再辛苦奔波至苗栗市，即能享有卓越品質的醫療資源。

品牌核心價值

深耕於苗栗的心安診所，秉持著「心安用心，全家安心」的服務理念，整合多科醫療專業及「智抗糖」即時照護系統，透過豐富的臨床經驗與持續的關懷，以「糖尿病患守護者」之姿陪伴病患和家屬一同走在這場長遠的戰役之中，成為苗栗地區慢性病治療之領航者。

經營者語錄

點燃內心的熱情，追逐卓越的道路，名譽與財富將成為你的忠實隨從。

給讀者的話

召集志同道合的夥伴，確立遠大的願景與目標，積極培養多元人才，是讓一個組織持續蓬勃發展的關鍵要素。

苗栗心安診所

診所地址：苗栗縣苗栗市中正路 507 號

聯絡電話：03-736-6000

官方網站：https://xinanclinic.com/

Facebook：苗栗心安診所—家醫 / 內分泌 / 小兒科

50+
五感療癒

圖：50+ 五感療癒陪伴個案找回意識深處的本源，重新連結內在的智慧與力量，找回心中那把最強大的鑰匙

五感療癒

Fifty Plus Healing The Five Senses

陪伴身心靈合一的整合療癒品牌

人投生至這個燦爛而多變的世界上，本是踏上一場充滿挑戰與冒險的旅程，一路上有無盡的迷人風景，也有無數的朦朧暗夜；自傷痛中走出，從傷痕中復原，再次勇敢、無畏而堅強地面對往後長遠的人生，是生命旅者這一輩子需專注修習的課題。50+ 五感療癒，透過多年身心靈實務經驗，結合多元的療癒系統，從科學及生活的角度，陪伴個案自我覺察、找尋合適的療癒工具，並助其自創傷中釋放，藉由鍛鍊心智、提升心靈免疫力，進而達成身心靈合一的療癒。

不只有「緣」相聚，更是有「夢」共創

人與人之間由「緣」開始，再自「份」延續，對於 50+ 五感療癒兩位創辦人丞庭和 Nico 來說，將她們緊密聯繫在一起的，是彼此對身心靈領域的興趣及共鳴，用知音來形容再恰當不過。這是一段跨越了十餘年的情誼，回溯相識之時，一切仍然歷歷在目。

擁有三十多年美容 SPA 從業經驗的丞庭，一路從技術實務晉升至行銷主管，雖然內心懷抱著成立一個屬於自己品牌的夢想，但總有被現實磨滅的感覺，直到遇見 Nico 那天起，內在彷彿有某種希望的火苗再度被燃起。丞庭回憶說道：「當時我擔任總經理的日本公司有網站設計的需求，透過朋友介紹認識了自己創業做網路行銷的 Nico。雖然一開始是從工作上認識，但是兩人聚在一起時，特別喜歡聊關於人的身心靈各種面向，而且每次都有種探索不完的奇妙感覺，也會從與彼此的交流之間獲得新的想法和體悟。」

另一方面，從事網路行銷創業近二十年的Nico，除了在事業上遇到一些無法突破的關卡，也經歷了寶貴的原生家庭事件、親密關係議題等，促使原本就對身心靈領域頗有興趣及研究的她，機緣之下學習了催眠療癒，更考取心理諮詢師相關證照。對Nico來說，這是一段從覺察自我開始到陪伴他人療癒的旅程，尤其在與丞庭相識之後更是如此，於是，在將這份生命共鳴傳遞出去的冀望之下，兩人決定攜手共創整合療癒品牌「50+五感療癒」，走在自我身心靈療癒的道路上，亦是盡心盡力陪伴一路上所遇見的有緣人。

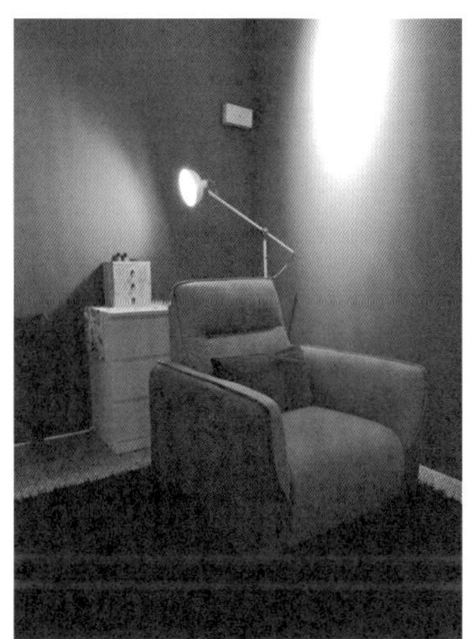

圖：明亮而舒適的空間，讓每位學員在50+五感療癒遠離喧囂，找回內心的自在和平靜

圖：50+ 五感療癒提供學員身體脈輪清理、催眠療癒、心理諮詢和藝術靜心等多項服務與課程

心理的傷，身體會記住

50+ 五感療癒，藉由眼、耳、鼻、舌、身等五個感官與自己重新連結， 透過身體的接觸、心理的覺察及內在思維的轉化，重新找回自己；50+ 是覺醒世代的代表，每一個人都可以透由鍛鍊找回自己內心的強大力量。巧妙具足宛如真實版「四樓的天堂」，50+ 五感療癒由熟稔美容美體的丞庭，作為摸索身體本質與狀態的起點，數十年的執業及臨床經驗，使她熟知人體的結構組成；而 Nico 精通人的心理、情緒層面探索。人的身心互為影響，兩者關係需平衡、缺一不可，如同影劇《四樓的天堂》所提及——心理的傷，身體會記住，身體的狀況也是心靈的反射；放慢腳步讓自己的靈魂跟上並用心關注感受自己，最後療癒自己，愛自己。

不走神秘玄妙，反之，丞庭與 Nico 嚮往的是從科學及生活的角度出發，幫助個案與心理的傷痛告別，Nico 表示，「不帶絕對的立場，也不盲目的信仰，每個人探索生命的路徑和方法也不會只有一種方式，人從來不是一個簡單的組成，所有的工具也都只是輔助，目前我們也持續整合不同系統的療癒工具，一同帶領個案找出內在層面的議題，並終結各種問題的糾結與輪迴。」與完整的自己重新相遇，是 50+ 五感療癒所擁有的使命及目標。

目前 50+ 五感療癒提供身體脈輪清理、催眠療癒、心理諮詢和藝術靜心課程，陪伴個案與自我內在產生交融，找回意識深處的本源、回歸究竟，重新連結內在的智慧與力量，尋回心中那把最強大的鑰匙，讓自己的人生閃耀並自由自在的朝夢想前進。

欲通往未來，須先回歸初衷

作為一個新型態的療癒整合性平台，談起經營品牌的心法，或許是磁場頻率相近之故，丞庭和 Nico 依舊默契十足、不約而同地給了同樣的答覆——回歸初衷。

丞庭說：「我會建議創業者一定要有熱忱的心，樂於所做之事，培養一定程度的抗壓性，即使遇到困難也要堅持下去，直到共同度過創業的磨合期，繼續朝著一致的目標前進。有時會想，要放棄還是要堅持？在這樣的情況下，我認為，先回到初衷、思考當初做這件事是為了何種目標，再繼續往前邁進。」

關於回歸初衷，Nico 以其長年創業的經驗談，給予充滿哲理的分享。她表示，「我自己創業的時間非常長，到現在依然是如此，我想，做任何事都必須莫忘初衷以人為根本，這是最重要的。創業的過程中，會有許多使人迷失其中、快速賺錢的機會，導致創業者非常容易忘記做這件事真正的目標與意義，尤其當瀕臨失去希望之時，不斷地覺察、回到初衷，才會知曉自己到底要去哪裡。」

在不遠的將來，丞庭和 Nico 即將啟程至馬來西亞考察 BrainScience 訓練中心，進行為期半年至一年的專業訓練，並計劃在未來將此腦神經重塑訓練工具和課程引進台灣，幫助所有 50+ 五感療癒的客戶，結合真正的生活科學，達成身心靈合一的療癒。

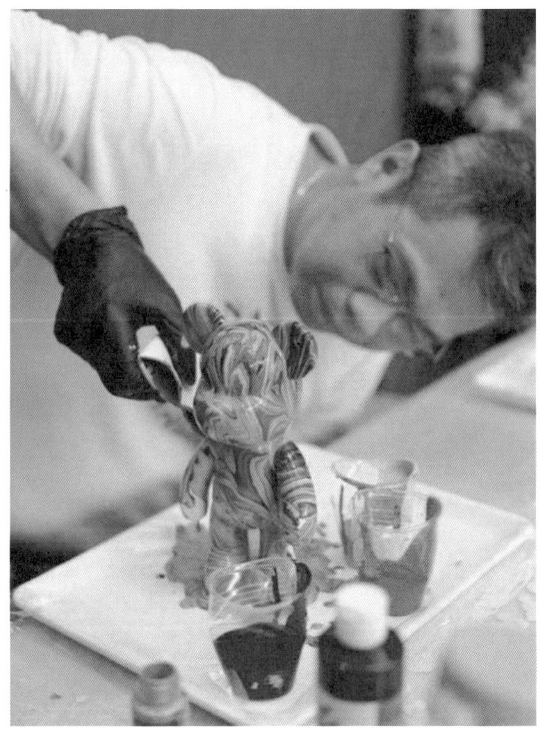

圖：50+ 五感療癒不走神秘玄妙，而是從科學及生活的角度出發，幫助個案與心理的傷痛告別

圖：50+ 五感療癒三位療癒師，由右至左為身體脈輪療癒師劉丞庭、藝術靜心療癒師郭依甯、催眠療癒師 Nico

品牌核心價值

5 代表我，0 代表原點也代表浩瀚宇宙，+ 代表∞無限，也代表希望；50+ 代表的是覺醒世代「心理受過的傷，身體都會知道」身體是所有療癒的入口，身體不改變，命運也不會變，身體是第一個階梯透過五個感官知覺帶你覺察和看見，並與心靈連結找回你的自癒力量與能力，喚回內在最強大的力量，來到這裡，我們用陪伴，讓個案一起覺察、療癒，轉化，穿越過去的桎梏並自在活出生命的原本樣貌。

經營者語錄

利他是最好的利己。

給讀者的話

人生不需要完美，但需要完整。

50+ 五感療癒

公司地址：高雄市鼓山區美術南一街 190 號

聯絡電話：0925-382-355

Facebook：50+ 五感療癒

另一個早晨
morning

圖：用「DNA」打造一幢心目中的完美建築，作為提供旅人留駐之用的民宿

morning

追尋臺灣工藝瑰寶的美學住宿空間

每一次的遠遊，都是一場無盡的冒險，旅人所追尋的自始至終都是那個被喧囂遺忘的真實自我；因此，循著環境與內在緩緩交融，開啟一回回深沉的心靈對白，留下時間裡最獨特而美好的記憶，是每個即將啟程的人最為嚮往之事。來到澎湖，除了漫步於海灘上，享受海風輕拂，徜徉於各式的活動間，日落後停駐的民宿亦將成為旅行回憶中動人的一角。位在澎湖的「另一個早晨 morning」，以細緻簡約的歐式風格融合臺灣工藝打造而成，為每一位遠遊的旅人展示品味深厚的美學住宅，進而自一個不同於以往的早晨氛圍中美妙甦醒，踏上一段精采難忘的旅程。

記憶的起點，在澎湖的外婆家

在一個嶄新而充滿期待的早晨氛圍中醒來，是位在澎湖馬公的風格民宿「另一個早晨 morning」最期盼能夠帶給住客的完整體驗。身為一手打造這幢樓房，同時細心經營民宿的主理人劉建佑，又或者住客之間親切稱呼的大目，他將另一個早晨 morning 的故事緩慢訴說，而這一切，則要將記憶拉回澎湖的「外婆家」。

「本身會與澎湖有連結，是因為媽媽是澎湖人，和爸爸結婚後我們一家定居臺灣本島，每年都會利用寒暑假的時間回到澎湖找外婆，所以從小我對澎湖就有著濃厚的情感連結。」在大目的心中，即使隔著海，澎湖依然是閃亮動人又與眾不同的海上明珠。後來，大目的家族在此經營地產事業，因緣際會之下購入目前民宿位址的這片土地，計劃作為自家民宅招待所之用，然而，卻因種種因素使得土地始終處於閒置狀態，最終在家族共同協調之下決定將土地規劃建築物對外開放營業。

作為主掌，大目將所有建築主體外觀、格局、座向和動線重新規劃，並由澎湖在地建築事務所「廣闊國際設計工房」操刀室內設計之項目，共同打造出如今的另一個早晨 morning，這間讓遠道而來的旅人將無法忽視的風格民宿。

大目表示，「從開始興建計劃的那一刻起，我便把民宿視為一個人：來自澎湖、擁有細緻品味、崇尚自然紋理、熱愛工藝設計、具備藝術氣質，是我為它所設定的 DNA。」談到為何做此設定，大目解釋，一個品牌在經營方面最為困難之處即是品牌識別與客戶溝通，因此，若能為品牌賦予鮮明的性格，將其視作一個真實的人看待，那麼雕塑出屬於它獨有的既定風格與深刻印象亦將更為單純直接。

圖：另一個早晨 morning 主建物完成後，特別邀請「酉」，一家鑽研建築環境綠化及特殊造景的公司，導入韌性較強、適應力較好，不需砍伐的旱生植物，期盼透過造景中的植物將生態永續傳承

圖：精選臺灣工藝設計，另一個早晨 morning 的住宿環境不僅具備藝術理念，更蘊涵屬於臺灣獨有的文化價值，由左上至右分別為：旧木小扣面紙套、拿鞘鞘卡套（房卡套）、拾未浮光燈具

當歐式建築遇上臺灣工藝設計

用「DNA」打造一幢心目中的完美建築，作為提供旅人留駐之用的民宿，大目著實費過苦心、下過功夫。基於對歐洲文化的喜愛，過去亦曾多次前往歐洲旅遊的大目，在構想出建築外觀和室內設計的細節以前，即有將它設定為美學住宅的想法；而後搜集大量相關資訊，並在一次次與營造商、建築師、室內設計師討論建造和設計的項目之可行性後，這幢優雅而別緻的民宿便自平地悠悠築起。

「從設計層面來看，我們刻意在建築外觀與室內樓層的視覺上製造出斷點，主建物外觀以歐式簡約，大廳與三樓以丹麥簡約風格呈現，而二樓與四樓則以灰白色系於視覺上做呈現；同時，考量自然光對一棟建築的重要性，大廳也採用大量落地玻璃，只願呈現出每分每秒皆在變化的自然光線與色溫，達到科技所無法效仿的成果；另一個早晨 morning 整棟建築由十三組工匠團隊歷時三年時間興建完成。」大目詳細地解說。

圖：由左上至右分別為：morning 擴香、NAKNAK 山形數字（房號數字）、拿鞘鞘盒子（備品盒）

從建材、室內裝修到平面設計，皆跳脫不了大目設定的 DNA 之五大靈魂。他表示，另一個早晨 morning 所有建材皆來自歐洲國家。「歐洲是工業與藝術強國，所以我選用擁有 275 年歷史的 Villeroy&Boch 和世界銅器領導品牌 GROHE，為民宿的衛浴設備增添品味與質感；大廳桌面使用的是高耐磨、高抗汙、高耐熱的薄板磚 DEKTON，它們來自崇尚自然紋理與善於展現藝術美感的義大利和西班牙。」大目提及。選用以上三種建材品牌，大日期盼在設計上，能藉由精密計算進而完美展現出歐洲對工藝文化的堅持。

大目接續說道：「除了提供住宿服務之外，民宿從一塊空地到成為建築作品，打造期間需要許多工匠、工班、專業人士、工法、工藝一起結合完成，但受到中國世界工廠的影響，許多主理人已因成本、便利性考量而轉向採購，忽略了珍貴的臺灣工藝，我便逆向思考關於住宿——我們不單只有住宿服務，還想讓大家認識臺灣工藝，希望旅人能透過一趟旅行，從中看見臺灣美學。」於是，從房卡套、備品盒、面紙套、燈具、房號數字、香氛組都選用臺灣藝術家設計之品牌產品。

圖：簡約、知性而優雅的大廳環境，是另一個早晨 morning 想傳遞給旅人的品味與用心

延續品牌韻味：建立有溫度的連結

講究精密設計，崇尚自然紋理，展示臺灣工藝，是另一個早晨 morning 別於其它民宿的最大特色，而大目之所以將建築視為擁有人格的主體，則因爲他深深知曉建築再如何雕塑及裝飾終屬冰冷水泥；要促使它具備自主價值，長遠走下去並陪伴更多來到澎湖的旅人，更加需要的是在品牌與住客之間建立起有溫度的連結。

大目打趣地說，「顧客對品牌會有所期待，超出顧客期待再多一點點，這是經營者需要思考的事情；因此，品牌要以顧客的需求進行深層的思考，並在有機會與他們面對面時，於彼此間建立起有溫度的連結。」大目所說的有溫度的連結，在另一個早晨 morning 則化作為管家與旅人之間不盡的話題與共鳴；他更進一步提到，作為美學住宅，也許並非所有人都能理解建築所闡述的內涵，但其中只要有 1% 的顧客注意到其細節，便值得團隊去執行。

「燈光、音樂、香氣是最直接的氣氛製造機，每一組燈光有不一樣的功能，不能單單只有打亮場地而已，空間重點需要加強照明，才能讓顧客將目光先放到想表達的重點位置。音樂會將一個人帶到一個不一樣的狀態，不同空間會有不同形態音樂。氣味是非常重要環節之一，為了種下入住旅人心中幼苗，特別邀請茶與芳療 Workshop 設計一款具有品牌識別專屬精油擴香，進到大廳與房型都可以聞到屬於另一個早晨 morning 的專屬香味，香味是一種奇妙的東西，看似不存在也摸不著，卻可以影響一個人的觀感、行為、認知、情緒，每個人大腦會有自己的氣味資料庫，有人聞到某一種花香，會想起童年的庭院，有人聞到某一種草香，會想起某一次旅行。這都是因為 那個氣味把某種記憶與情緒從氣味資料庫中勾引出來；一種氣味背後或許象徵著一個場景、一種氛圍、一次回憶。」大目深入地分享。

品牌核心價值

另一個早晨 morning 和旅人的共鳴是一種期待、記憶、故事、關係的連結。

經營者語錄

自己的產品是什麼不重要，有決定影響性的是顧客認為消費後得到的是什麼，讓品牌與顧客對話。經營不可以一廂情願，不是戀愛般為什麼我這麼愛你，你卻不愛我。思考顧客要的是什麼？如何被市場需要。

給讀者的話

堅持是什麼？明知道很辛苦還是要硬著頭皮做，不知道會有多久，只因為相信辛苦過後會有好的結果。旅宿、旅遊、餐飲所帶給我們每天的美好，就像空氣般的重要，所有人期待它永遠都在，一直存在，堅持很難，堅持卓越更難。

另一個早晨 morning

旅宿地址：澎湖縣馬公市吉海路 1135 號

聯絡專線：0976-887-168

Facebook：另一個早晨 morning

Instagram：@morning_penghu

C.H KIDS

圖： C.H KIDS 以小大人風格的童裝在眾多品牌之中脫穎而出

從心開始，陪伴孩童一起成長

人生中最純真、最自由、最美好的時光無疑就是童年，然而這段時間往往一不留神就稍縱即逝。育有二寶的年輕媽咪羅婉如，酷愛為孩子做不同風格打扮，她相信童裝不僅是衣物，更是孩子們與世界互動的載體，會陪伴他們一同度過無數寶貴的童年回憶。2022 年，她創立了 C.H KIDS 童裝品牌，希望陪伴每位孩童享受這段不可再來的美好時光。

打造時髦小大人，兼具時尚與生活功能的穿搭風格

懷孕期間，婉如就像多數即將成為母親的女性一樣，滿心期待與未來的孩子相見，並為他們打造一個舒適且美麗的環境。她看遍市場上各式童裝，卻並未找到心中的理想款式，這使她萌生開創童裝事業的想法。「每個人對童裝的想法都不一樣，一百個人有一百種想法，我一直沒看到喜愛的童裝，再加上懷孕時無法外出工作，種種原因造就了我創立童裝事業的契機。」這個想法很快地獲得丈夫大力支持，2022 年 2 月 15 日，婉如便以大女兒希希和豪豪的名字為縮寫，成立 C.H KIDS。

傳統童裝設計通常偏向可愛、活潑和色彩繽紛，印有卡通或動物的俏皮圖案，然而，婉如更偏愛的是近年來流行的「小大人風格」童裝。這類型的童裝設計靈感來自成人的時尚潮流，例如西裝、套裝或連身裙等，通常使用中性色調並選用優質布料，線條簡潔、剪裁精緻，同時尺寸和版型上兼顧兒童活動和生活需求。婉如表示，C.H KIDS 的女童童裝就有細肩帶格紋洋裝或下背部挖空的上衣，搭配蛋糕裙的設計，這樣的款式讓小孩與大人的穿搭相得益彰；此外，C.H KIDS 還有一款小香風格的菱格包包，同樣受到小朋友們的喜愛。婉如認為，包包不只是穿搭的配件，更是培養孩子獨立性的好工具，讓孩子出門時學習攜帶物品，而非全都依賴父母。

C.H KIDS 品牌專注於「小大人風格」的童裝設計，為追求個性和獨特性的孩子提供一個新的選擇；然而，正如婉如所言，人們對童裝的看法多元且多變。品牌營運數月後婉如發現，即使消費金額達到一千兩百元就能享有免運優惠，有些消費者仍只選購數件商品就結帳。這使她意識到，因為每位父母對童裝的需求和喜好都不同，有的父母更喜歡富有童真、可愛、色彩鮮艷的童裝，創業者不能僅僅遵循自己的偏好，因此 C.H KIDS 也逐漸拓展不同風格的產品，以滿足消費者需求。

身為二寶的年輕媽咪，婉如也發現新時代的媽媽比起傳統母親更注重產品外觀設計和儀式感，因此，C.H KIDS 推出母嬰用品時，不僅注重其功能性，也注重產品的美觀度。例如寶寶手推車遮陽擋風防蚊蓋毯，就是一款兼具功能和美觀的產品，其小巧精緻的外觀和面料柔軟親膚的特性，深受年輕媽媽的喜愛，不僅使用時舒適愉悅，外出拍照時也增添不少美感。除了蓋毯，還有兒童安全座椅觀察鏡、嬰兒充氣沙發、純手工製作奶嘴鍊等等，數樣母嬰用品都充分展現 C.H KIDS 的理念——致力於提供高品質、兼具時尚和實用性的產品，希望讓每一位媽媽能藉此享受愉悅且美好的育兒體驗，並同時展現自己的時尚品味。

圖：提供高品質、兼具時尚和實用性的產品是 C.H KIDS 的經營理念

m

圖：C.H KIDS 品牌專注於「小大人風格」的童裝設計，為追求個性和獨特性的孩子提供一個新的選擇

圖：從精美的單品到各式配件，每一個細節都凸顯 C.H KIDS 的獨特風格

從零到一，關關難過關關過的創業旅程

對於創業者而言，創業從零到一是最困難的階段，自產品開發到市場推廣，每個層面都需要創業者親力親為。婉如坦言：「草創時期確實相當不容易，但我必須相信自己能做好，才能持續前進。」最初，她不熟悉社群媒體經營策略，不知如何找到目標客群、確立市場定位，以為只要發文並花錢打廣告就能吸引消費者。經過一段時間投放廣告，並未看到預期的回報，這促使她重新檢視策略，耐心地從頭學習社群經營的技巧。從如何撰寫引人注目的簡介文案，到設計貼文排版，再到選擇最佳的貼文發布頻率和時間，她一一嘗試並修正。終於，婉如成功確立 C.H KIDS 的品牌形象和運營方式，與此同時 C.H KIDS 也建立了品牌網站，讓顧客可以更方便地下單購買，逐漸累積起一群忠誠的顧客。

營運一年多後，婉如也從中學習到不少行銷技巧，並能準確推測顧客喜好，C.H KIDS 不定時推出獨特且每個尺碼只有一件的現貨商品吸引顧客下單，婉如分析，「有時店家提供太多選項反而讓顧客有選擇困難，不知道該聚焦在哪，但像這樣推出限量現貨，反而讓顧客覺得這是稀有的機會，從而引發購買興趣。」

除了販賣童裝，婉如也希望 C.H KIDS 能有更多人際間的溫暖互動，未來她希望能在屏東市區開設童裝店，並佈置一個空間提供餐點，歡迎顧客來此舉辦各式活動。她說：「現在的父母相當重視儀式感，像是性別揭露派對或是有趣的抓周活動，我希望能提供場地和餐點，讓顧客有個空間舉辦活動；此外，在特殊節日，如母親節、兒童節和父親節也能舉辦親子手作活動，讓忙碌的父母有更多與孩子互動的機會，共創美好回憶。」

「從心開始，為愛而生」是婉如創立 C.H KIDS 的初衷，儘管在創業的過程中充滿種種不確定性，但或許就是為人母強大的愛，讓她能堅定地面對挑戰並不斷學習與成長。她期許自己莫忘初衷，持續保持對顧客的關懷，讓 C.H KIDS 成為一個富有溫度的溫暖品牌。

給讀者的話

創業必須面對未知，很難會有「準備好」的時機點，只要內心有所期待，就應該全力以赴。

品牌核心價值

從心開始，為愛而生。

經營者語錄

創業就像打怪一樣，解決一關又會遇到新難題，但「先相信才能看見」，只有相信自己能成功、全力以赴，最終才會實現夢想。

C.H KIDS

Facebook：C.H KIDS 童話小屋

Instagram：@c.hkids_

產品服務：童裝、母嬰用品、兒童相關配件

木木俩精品咖啡

圖：木木倆精品咖啡除了在咖啡豆的品質上有所堅持，也希望能夠透過充滿巧思的包裝設計，讓消費者感受到品牌的細膩與用心

培育孩子般用心經營的頂級咖啡品牌

咖啡之於現代人，不僅是味蕾的享受，更是一種生活方式的展現。木木倆精品咖啡，由長期居住上海、深耕網路食品銷售的台灣夫妻所經營，期盼從磨豆、萃取到品嚐等一連串豐富的變化之間，將品質優良的單一莊園咖啡豆帶給消費者，從感官上給予絕佳的風味體驗，讓融入人們生活的不僅是咖啡，更是打造活力與精彩生活的用心和趣味。

上海的根基，在台灣以生命力延續

2020 年初，世界爆發了一場在未來三年內將襲擊全球，規模和殺傷力皆勢不可遏的嚴重特殊傳染性肺炎「新冠肺炎」，居住在疫情環境之中的人們，其生活更是面臨了翻天覆地的巨大轉變，木木倆精品咖啡創辦人林東憲和黃姵姍夫妻檔，對此更是頗有感觸，因為他們所共同創立的咖啡品牌，其實就是在疫情之中所應運而生。

「在創立木木倆精品咖啡以前，我已長期待在上海工作，接觸到許多食品業、網路食品銷售和開發等領域，自己也在當地創立一個食品企業，主要在網路上經營食品推廣，例如：小魚乾、中秋月餅禮盒、台灣茶葉等禮品開發，涉略的層面廣泛，銷售也頗為穩定，且持續在進步和成長，可是就在我們決定要在網路上進行更全面、大規模的推廣時，無奈新冠疫情在當時爆發……」東憲回憶並說著。

面對當時兩地政府因應新冠疫情所設置的隔離政策，最初東憲全力地配合著，但是每次往返隔離都需耗費數月，眼看這是一場長期的疫亂，再加上自己年幼的孩子漸漸成長，東憲決定運用網路通訊的優勢，遠端經營上海的企業，並且回到自己的家鄉台灣，和太太姵姍一起創業，同時方便照顧家中兩位可愛的小男孩。

關於創業項目的決定，東憲提到，「由於我個人本身對咖啡有所涉略，所以想移植上海的網路銷售模式，找尋適合台灣人喜愛的咖啡豆，經營一個理想中的咖啡品牌。」從挑豆、烘豆、生產到包裝，木木倆精品咖啡除了在咖啡豆的品質上有所堅持，也希望能夠透過充滿巧思的包裝設計，讓消費者感受到品牌的細膩與用心。

圖：充滿活力和笑容的兄弟倆，正是木木倆精品咖啡創辦人夫妻經營品牌的最大動力

圖：木木倆精品咖啡用心選豆，追求絕佳的品質與口感，讓顧客隨時隨地都能擁有獨特風味的體驗與享受

融入活力與趣味的單一莊園咖啡豆系列

木木倆精品咖啡，該名稱顯現了十足的親切與有趣，東憲表示，「將木木合起來就是姓氏『林』，生活中稱倆兄弟為木木兄弟，因此將品牌取名為『木木倆』；而英文的 MUMU2，Two 的諧音會聯想成『兔』，所以我們也將兔子視為品牌的吉祥物，印製在品牌 Logo 和產品包裝上。」

以咖啡豆結合兔耳朵的純真形象，和孩子們童趣的特質作為包裝色彩設計的出發點——東憲和姵姍夫妻倆將對孩子們的細心與愛完整地體現在品牌的呈現上，活力和趣味是人們見到木木倆精品咖啡時的經典印象。「我正在學習如何成為一位好爸爸，也希望把照顧及培育自己孩子的心情，投射在木木倆精品咖啡的品牌經營上，希望大家每天都能享有一杯最新鮮和優質的咖啡。」東憲說。

木木倆精品咖啡推出的「單一精品濾掛咖啡」，皆為精心嚴選並具有代表性的莊園豆，分別以三種焙度，帶領大眾認識精品咖啡豆的美好風味，從淺焙的微酸花果香、中焙的平衡甘甜味到中深焙的厚重口感，消費者可隨心自每款精品濾掛咖啡中，隨選自己嚮往的風味。

在競爭的市場中，堅持走出自己的風格

面對台灣廣大的咖啡市場，東憲分享，在創業以前僅是嗜喝咖啡，心態較為放鬆，然而，當自己真正開始規劃創業並投入咖啡市場之後，便會開始關注同行的品牌風格、店面規劃以及產品類型。「創業之後，無時無刻都在思考與咖啡、品牌相關的事情，但總體來看，市場競爭激烈未必是一件壞事，代表整個市場對咖啡的接受度跟需求量大，創業者相對能夠抓住越多商機。」

東憲認為，抓住對的商機，後續更加重要的是堅持與守成，尤其是創業初期。「創業前期，你會發現一天 24 小時根本不夠用，需要不斷地建構品牌、解決問題並且反省改進，總之，困難和挑戰都是必經之路，唯有堅持下去並且勇於突破，才有可能在競爭激烈的市場中獲得成功。」

「許多人會打價格戰，我們要跳脫所謂的價格戰，必須完善地規劃品牌定位，我們想做的是選擇品質最佳的咖啡豆，消費者在打開包裝、沖煮和飲用時，必能發現它的不同。」在擁擠的市場中，走出一條屬於自己的路，讓大家在想起木木倆精品咖啡時，有一個值得信賴的美好印象，是東憲和姵姍夫妻倆欲努力達成的理想。

圖：木木倆精品咖啡推出客製化的精美禮品盒，適用於公司行號作為逢節送禮之用途，創辦人東憲的理念是——以咖啡送禮也是一個誠意又愉悅的新選擇

共享美好質感生活的青創空間

現代人普遍忙碌於家庭、生活和工作，少有獨立的喘息空間，能做自己所熱愛的事。過去長期居住在步調快速、求新求變的上海，東憲深知創造出一個能夠讓人徜徉其中，進行學習與交流的空間之重要性，東憲堅定地表示，未來夢想打造一個咖啡愛好者能到訪的「青創空間」，它將不只是一間咖啡店，更會成為同好者交會並且激發出共鳴的奇幻空間。

「未來仍會以網路銷售為重心，目前我們也開始籌劃開店計畫，打造大家能共享的『青創空間』。除了與異業結合，創造出不同的吸引力，也希望給予消費大眾『來店等同於放鬆』的概念，讓到店走訪的顧客，能夠參與手作課程、職人分享和文化藝術等活動。」為顧客打造一個能充分放鬆的空間，同時享受美好而質感的品味生活，亦是藉由店面的展售，讓消費者能夠切實而直觀地感受到從網路上聞不到的咖啡香氣、未能嚐到的咖啡口感，進而更了解 MUMU2 coffee。

圖：新鮮烘焙就是美味，木木倆夫妻不定期在青創空間、展場活動、飯店講座課程手沖咖啡給顧客品嚐，讓顧客享受美好而質感的品味生活

給讀者的話

凡事起頭難，建議未來想要創業的人，凡事親力親為，在正式投入前務必審慎評估、思考以及計畫，觀察自己的想法是否與現實有所落差，一旦決定創業，必需堅持自己的決定，才能成就所有的夢想。

經營者語錄

唯有堅持下去並且勇於突破，才有可能在競爭激烈的市場中獲得成功。

品牌核心價值

「木木倆」MUMU2 秉持誠信與感謝，堅持 MUMU2 品牌就像是自己的孩子一樣細心呵護、用心照顧著。

木木倆國際實業——木木倆精品咖啡

官方網站：https://www.mumu2.com.tw

Facebook：MUMU2 coffee

Instagram：@mumu2_coffee

Infinite Love 韓式調香工作室

圖：在 Infinite Love 韓式調香工作室，簡單而愜意地調製出屬於個人的特色香氛

專屬個人的療癒香氛，綻放出無限的愛

有人說，香水的味道可以喚醒一段難忘的回憶，這也是人們對於香水如此著迷的主要原因；擁有一瓶專屬自己味道的香水，是許多懂得享受生活的品味人士最為嚮往之事。Infinite Love 韓式調香工作室，主打一日調香師體驗課程，簡單而愜意地調製出屬於個人的特色香氛，讓每個獨特的個體在勇於追尋自我的道路上，散發出迷人的氣息、綻放出無限的愛。

從一份心意到意外入行，一位調香師的心路歷程

創業的緣由成千上百，Infinite Love 韓式調香工作室闆娘 Diana 的創業之路，則始於她的細心和勇氣。當時已擁有一份正職工作的 Diana 為了要送兩位摯友生日禮物，她絞盡腦汁、費盡心力，只為找尋心目中最特別的生日禮物，「我當時的想法是，女生通常傾向自己選購保養品和化妝品，所以我想到了客製化香水，希望能送她們專屬自己的香氛，但是市面上包含課程的客製化香水，完成一瓶至少需花費三千元。」對於當時薪資落在兩萬多，每個月又必須從中提領一萬元作為家人生活費的 Diana，購買客製化香水二至三瓶，將近一萬元的總開銷無疑是個沉重的負擔。

「我積極地在網路上搜尋相關資訊，沒想到因而看到了考取韓式調香師證照的課程，上課過程裡老師會協助調製出五瓶香水，結業後還能考證、入行，於是我決定賣掉自己的電競電腦，把換取來的錢作為證照課程的學費。」Diana 說。因此，一份心意的誤打誤撞，造就了一位調香師的誕生。

在考取調香師證照後，當時走在抗癌路上已有十六年之久的父親給予 Diana 一筆創業基金，懂事的她將這筆創業金作為添購材料、找尋可擺攤的市集之用；而在即將進駐市集擺攤前，為了感謝父親的幫忙，也算是盡一份兒女孝道，Diana 希望可以送一台 iPhone 給父親，沒想到這個想法萌生後不到一天，Diana 的父親便自病榻上永遠地離開人世。父親的離去，成為 Diana 創業初期最深刻的記憶，也是她心中永遠無法彌補的遺憾。

樂觀的 Diana 並未在家人逝世的打擊下放棄夢想，而是將這個埋藏在心裡的遺憾，化作一股堅強的力量，透過調香，把她來不及給予父親的愛，勇敢地在世上綻放開來。

圖：Infinite Love 韓式調香工作室創辦人 Diana

圖：眾多學員參加「一日調香師」體驗課程，愉快度過閒暇時光

價格親民、品質穩定的韓式調香體驗

初次聽聞「韓式調香」定是新奇有趣，Diana耐心地說明韓式調香與一般調香的不同之處。「在台灣較少品牌可以調製香水的顏色，韓國則是除了基本的香味，還能調製出不同顏色的香水，看起來非常可愛、療癒，而且它的香味會更加地穩定和持久。」

想起過去熱切尋找朋友生日禮物的自己，Diana 以同理的心情為 Infinite Love 韓式調香工作室「一日調香師」客製化香水的體驗課程訂定十分親民的價格——不到一千元，更無需飛至韓國，學生或小資族都能無負擔地體驗及參與其中。在課程裡，由工作室提供每位「一日調香師」各項器具、精油和香精，透過專業調香師的指導，進而調製出屬於自己的香水。

此外，Infinite Love 韓式調香工作室亦有開設擴香瓶、擴香石、指緣油、香氛抗菌噴霧與無酒精調香體驗課程，透過親手參與香氛的創作，將個人的風格與喜好注入每個香氛之中，無論是為自己打造獨一無二的香氛，還是將其作為禮物送給心愛之人，這些課程的目標皆能為體驗者帶來一場美妙的感官之旅。

上排圖：Infinite Love 韓式調香工作室擁有視野極佳的落地窗，明亮的空間讓學員在舒適的氛圍中享受調香的樂趣
下排圖：韓式調香能調製出不同顏色的香水，看起來非常可愛、療癒

上排圖：由專業韓式調香師 Diana 指導，一日調香師也能輕鬆調製出療癒又可愛的特色香氛
下排圖：Infinite Love 韓式調香工作室與 17 直播合作之體驗課現場

創業的起點，始於一顆擁有熱忱的心

從市集擺攤開始，Diana 在短暫的一年內便輾轉進駐規模更大的工作室，提供客人們更加舒適、愜意的體驗空間；而如今，Infinite Love 韓式調香工作室亦逐漸打開知名度，迎來了 17 直播、百貨專櫃品牌等多項合作邀約，更開設了調香師證照班，讓想創業的朋友們學習基本的香水知識、調香器具、調香比例，Diana 也在課程裡分享自身在社群上經營的寶貴經驗，以及調香師未來的創業發展方向。

之所以能夠在第一年即在事業上獲得如此的成功，Diana 分享：「創業的第一步，是需要具備一顆熱忱的心，因為喜歡這件事情而專注投入，並且確立明確的目標，才能長遠地發展下去、讓大家看見你；我認為創業的初心和目標，都會是影響創業成敗的重要關鍵。此外，身為一位調香師，我也會建議想朝這個方向前進的朋友，定期修習不同的香氛證書課以增進自己的專業能力是絕對必要的。」

對於每個人來說，挖掘出自己熱愛之事、認識自我心之所向的難度亦有所不同，然而，Diana 提出了一個實際的作法——觀察自己花費最多的地方，便能知道自己喜歡什麼，進而考慮在此方面深耕發展。了解自己，必須從生活日常裡挖掘，又如創業，必須從別人的生活需求中尋覓。

Diana 表示，未來 Infinite Love 韓式調香工作室將邁向自有品牌的香氛產品販售，並提供星座、個性、季節、穿搭與職業所適合的香調，讓香味徐徐走入我們的生活，用一種無聲的優雅，輕快地述說著那些曾經的故事，而往後的每一日，也將由香味串起，編織出屬於自己迷人的氣息與無限的愛。

品牌核心價值

Infinite Love 韓式調香工作室，主打一日調香師體驗課程，簡單而愜意地調製出屬於個人的特色香氛，讓每個獨特的個體在勇於追尋自我的道路上，散發出迷人的氣息，綻放出無限的愛。

經營者語錄

具備一顆熱忱的心，才能在完成夢想的道路上持續前行。

給讀者的話

從生活中去認識自己、了解自己熱愛的事物，進而確立明確的目標，日後更要朝著目標努力增進自己的專業能力。

Infinite Love 韓式調香工作室

工作室地址：桃園市中壢區延平路 265 號 8 樓

Facebook：Infinitelove 韓式調香工作室

Instagram：@infinitelove_2020

Pure Joy
美好生活
芳香精油
學苑

圖：使用從植物萃取出的精油，人們即能透過這股自然力量，有效調整身體和情緒狀態

探索美好生命的無限可能

大自然蘊藏無窮盡的力量是生命賴以生存的根源，並能讓人類身體和心靈得到療癒和平靜，然而在現代社會，多數人都生活於都市，難以接觸大自然；使用從植物萃取出的精油，即成為大自然給予人們最珍貴的禮物，人們在家中就能透過這股自然力量，有效調整身體和情緒狀態。過去曾擔任網絡行銷高階主管的游紫韶，歷經多年忙碌且高壓的生活，在身體頻頻發出警訊後，讓她不得不停下腳步，重新審視生活，卻也讓她誤打誤撞踏上一段美好的精油旅程，創立「Pure Joy 美好生活 · 芳香精油學苑」。

發現精油的療癒之道，啟發創業動力

談起與精油這場「命中註定」的相遇，紫韶的臉龐洋溢動人的光彩，完全看不出多年前，她需要仰賴藥物才能控制甲狀腺機能亢進症狀，且服用褪黑激素幫助入睡。紫韶說：「臉書剛進入台灣時，我是台灣第一家廣告代理商的資深業務副總，為臉書打天下，身負團隊管理和業績壓力，當時每天工作時數相當長，導致我經常暴飲暴食，也很容易發怒或沮喪。每天都不易入睡，身心相當疲憊。」

為了改善身心狀況，她嘗試許多方法，也曾在百貨公司購入精油，但由於對精油不甚了解，不知該如何選擇及使用，很快地，那些精油便被打入冷宮，直到她的諮商師秦老師得知她的身體狀況後，推薦並教她使用「doTERRA 多特瑞」精油。

儘管半信半疑，紫韶也決定死馬當活馬醫、放手一試，在正確使用精油後，紫韶已逾五、六年不需要吃甲狀腺機能亢進的藥物，且指數回歸正常，最重要的是，困擾她許久的睡眠障礙也獲得改善。這讓她發現，精油確實能有效改善身體狀況和情緒，過去對精油無感，其實是因為不知如何挑選和正確使用。

實際使用精油後帶來的正面效果，在紫韶內心種下一顆改變人生軌跡的種子， 2021 年她毅然決然離開網路行銷工作，全力投入精油推廣和身心靈療癒領域，希望幫助更多人，透過自然的方式改善身心，擺脫藥物長期綁架，為生命帶來療癒的可能性。

圖：從熟悉的網路行銷工作中轉換跑道，紫韶神采奕奕地分享她熱愛的精油

圖：挑選高品質的精油並正確使用，是獲得精油功效的不二法門

以教育為主軸，協助消費者正確挑選及使用精油

市面上精油玲瑯滿目，多數品牌都是以銷售為主，告訴消費者不同精油存在哪些功效，但紫韶更想做的是開創出不同的道路，改以芳療教育為主軸，教導民眾認識精油、安全使用精油，為自己或家人朋友調理身體。紫韶解釋，以大家常見的薰衣草精油來說，其實有相當多品種，如醒目薰衣草、真正薰衣草、穗花薰衣草，它們各自有不同的化學結構與功效，並非所有的薰衣草都有安眠之效，因此讓使用者對精油有基本認識相當重要，能幫助他們精準使用精油，並降低生病時長期依賴藥物的可能性。她說：「我認為必須要教導消費者如何使用，產品才能有自己的故事，去說服消費者。」

一一細數各種精油的好處，可說是難以說盡，不少科學研究都已證實精油能改善皮膚狀態、消化問題、睡眠質量、緩解肌肉疲勞和疼痛、改善自律神經系統、內分泌系統及舒緩壓力和焦慮。儘管不少人都認同精油功效，卻因為不懂得分辨精油真假，反而購買到摻有化學合成物的混充品，或是不知道如何精準針對身心問題，調配出有效的精油，而導致精油無法真正發揮作用。Pure Joy 美好生活為消費者把關，選用經「CPTG 專業純正調理級認證」標準的多特瑞精油，確保精油沒有添加物、人造成分和有害汙染物；同時，每週還會舉辦線上和實體課程，會員能針對需求學習精油的相關知識與用法。

近日，一位 60 多歲有甲狀腺問題的男性尋求紫韶的協助，他因為長期自律神經失調，常常夜不成眠且情緒不穩定，紫韶一一了解他的身體狀況後，與其分享能對應問題的精油配方，使用約一個月後，他便完全擺脫失眠的困擾，甚至會睡到賴床。紫韶表示，睡覺對身心健康至關重要，不少人因為睡眠障礙，連帶影響身體與情緒，精油確實能有效幫助人們擺脫安眠藥的束縛。

手把手協助網路創業，打造多元收入

隨著科技快速發展，低成本且具有開放性、靈活性及便利性的網路，無疑是最佳的創業平台。擁有十八年數位媒體資歷的紫韶，創立 Pure Joy 美好生活後，理所當然將網路這個含金量極高的場域，作為拓展事業的第一戰場。或許是行銷人天生喜愛分享的個性，創業後，她也積極幫助像她一樣的女性，認識精油、愛上精油，最後透過精油以網路行銷的方式在家創業，創造多元收入。

Pure Joy 美好生活有輔導專業的證照培訓課程，能協助會員以高效率的方式學習精油，同時獲取「世中聯中醫藥專項技術能力證書」和「德國萊茵 TUV 植物精油療法職能模塊證書」。爾後學員也能參加多種的教育訓練，甚至擔任講師，為企業或個人授課。紫韶表示，有些學員一開始對於上台講課相當膽怯，甚至操作簡報都不太熟練，但在參加教育訓練後，不少人的表現都令人相當讚賞。

紫韶深知網路對於創業者的必要性，她一再提醒創業夥伴，「我認為網路創業越來越容易，網路行銷方法百百種，其中最關鍵的方法就是經營社群媒體，如臉書、IG、Line、抖音等，現在有些人會說臉書已經沒落了，但事實上臉書仍是全球最大的實名制社群媒體，上面仍有很多活躍的真實會員，只要你能找到屬於你的客戶群，從中創造需求與價值並為其提供服務，那麼創業成功並非夢想。」

Pure Joy 美好生活有著不同於其他精油品牌的「高客戶黏著度」，不少顧客購買精油後，也與紫韶成為好友，紫韶熱愛與會員交流，了解他們的生活、工作與家庭，不少顧客甚至會邀約她一起出遊，分享彼此對生命的感悟及生活的挫折。如果說紫韶是一個精油創業家，不如說是精油連結起紫韶與他人的生命，陪伴人們面臨各種生命難題時，能具備勇氣迎接挑戰。

圖：寓教於樂的教學方式，深受大小朋友的喜愛

圖：專業純正調理級認證的多特瑞精油，天然安全、純正有效，品質卓越

從心出發，創造生命的美好與豐盛

過去因為在高壓的環境工作，讓紫韶深深體會心理與身體健康息息相關，她廣泛探索、學習身心靈療癒的知識，重新學習理解、詮釋、接納生命中發生的點點滴滴，進而引導她就此走上這條療癒之路。創業後，她希望能結合自己對精油的熱情，藉由身心靈相關課程幫助人們獲得快樂，為生命創造更多的愛與豐盛。

Pure Joy 美好生活規劃了各式課程：企業健康舒壓管理課程、正念減壓課程、精油療癒手作課程；以及協助輔導改變生命模式、重新建構你想要的生命願景藍圖的生命模式大蛻變課程和精油香水塔羅等等，內容多元且豐富，其中精油香水塔羅的準確度，常常讓人相當吃驚。紫韶指出，不少人在面對工作、學業或人際關係問題時，感到非常無助，精油塔羅牌能幫助人們更了解自己，客觀地分析問題，並獲得能帶來改變的精油配方。

圖：在紫韶的推廣下，越來越多人更認識精油，並積極深入學習相關知識

紫韶舉例，有些人透過塔羅牌，發現此時他相當需要薰衣草精油，一個會需要薰衣草的人，多數帶有勞心勞力的人格特質，總是對家庭或職場付出太多，導致自己沒有妥善休息，從塔羅牌中透漏出多數人難以自我覺察的特質，即是人們期待透過不停的給予，就能向他人證明自己的價值。她說：「通常我算塔羅牌時，一算出來就會對這個人相當清楚，所以有些人知道後，常常想算但又膽怯。」

多數積極探索身心靈領域的人，往往不約而同發現：外在世界基本上是內在世界的投射，紫韶結合身心靈課程，即是希望幫助更多人藉由改變內在的信念、想法與投射，創造出財富的豐盛或是圓滿的人際關係。她說：「很多人想要賺更多錢，藉由課程能有效幫助他們達到目標，同時，我也體認到，當我幫助別人獲得成功，就是幫助自己成功。」

展望未來，紫韶也為自己設定三項明確目標，第一是希望能透過精油連結更多同好及創業者，拓展客戶群，讓自己站上鑽石的聘階；其次是運用自身專業，開設創業課程，精準拆解網路創業的心態與步驟，幫助想創業卻不知道如何下手的人；第三，則是在成為多特瑞藍鑽或是鑽石總裁聘階的同時，可以如同激勵演說家 Tony Robbins 或企業家導師周文强，以演講或課程教導企業管理、創業或人生經營的相關知識與心法。

過去紫韶從事網路行銷工作，終日活在筆電或手機螢幕中的虛擬世界，轉換職涯從事精油的推廣和教育後，彷彿為她打開一個從未看過的新世界。她說：「我認為這是個完全嶄新的世界，幫助許多人成功透過精油改變身心靈狀態，甚至憂鬱症，讓我感覺更接地氣，對生命增添更踏實的信心。」

品牌核心價值

透過來自大地的禮物——天然植物、芳香療法，療癒你的身、心、靈，帶給你豐盛與美好的生活 。

經營者語錄

如果你怕輸，就已經輸了，信任所有的過程，願景必定實現，成功不需要準備，只要你願意，就可以輕易的站上鴻運的位置。你的世界、你的創造，你是什麼，你就會創造什麼，你的劇本是自己寫的。要當大領袖，就要給予，什麼都可以給，什麼都可以愛！愛有多大，財富就有多大；心有多大，豐盛就有多大。

給讀者的話

生命是一場華麗的冒險，老天不會給你一顆接不住的球，只要願意吃下痛苦，偉大自然湧現！你要的幸福是要自己去創造的，你願意愛自己、你就配得所有的幸福與美好。

Pure Joy 美好生活．芳香精油學苑

產品服務：芳香療法、精油調香、身心靈療癒

Facebook： Pure Joy 美好生活．芳香精油學苑

Line：@364nznmd

栯忻國際有限公司

圖：栯忻國際以西方阿育吠陀芳療之藥草療法，結合中醫行氣調理的原理調配出各式各樣的精油，並針對季節與個人體質，給予不同的精油調配比例

平衡身、喚醒心、解放靈的第一精油品牌

現代人常因生活忙碌而身心疲勞，除了放鬆休憩，不少人也開始接觸精油產品。早在古埃及和古希臘時代，古人即懂得使用精油治療身體及心靈層面的問題；現代科學研究更發現，精油對人體有舒緩焦慮、提高注意力和改善睡眠的效果，因此也被廣泛應用於按摩、芳香療法和蒸氣療法等方面，選擇高品質的精油以確保其療效與安全性，則成為每一位精油使用者的必修課。座落在繁華台北市區的栯忻國際有限公司，以推廣中西結合之芳療知識及精油產品為主要目標，在平衡身、喚醒心、解放靈之中，帶領大眾一同用心感受愛。

「育心」是一輩子的事

「我認為教育是很神聖的一件事情。」栯忻國際有限公司創辦人孫栯駖懷有熱忱地說，談到栯忻國際，孫栯駖表示，「栯忻」是由「育心」二字演變而來，具有將知識傳授他人和用心感受愛之意，之所以如此命名，與她過去的工作密切相關。

最初，孫栯駖從事新娘秘書接案工作，由於對精油產生了濃厚的興趣，便開啟了她學習和研究精油的旅程，在考取多張國際芳療證照後，由於理事長及總監的提拔，她開始在協會中擔任芳療講師，並且服務將近五年的時間。「在教學期間我認識了來自各領域的人士，作為學生的他們，經常問我是否考慮發展自己的品牌跟商品，因此我便開始思考自己能做出哪些貢獻以及該怎麼去實踐它。」孫栯駖說道。

真正讓孫栯聆萌生強烈的創業念頭，則是新冠疫情爆發之後、2020 年的初夏之際。「當時我們從實體教學變成線上教學，有緣認識一位精油調香專家，在得知他僅專注於研發領域，未有行銷和宣傳的規劃後，我萌生了建立自有品牌並推廣精油產品的念頭。」孫栯聆說。

在調香老師的協助之下，歷經一年的籌備與規劃，栯忻國際開始以精油為疫情期間確診的親友舒緩身心，降低疾病為身體帶來的不適感；今後也以推廣中西結合的芳療知識為目標，將優良的精油產品帶入民眾的日常生活中。

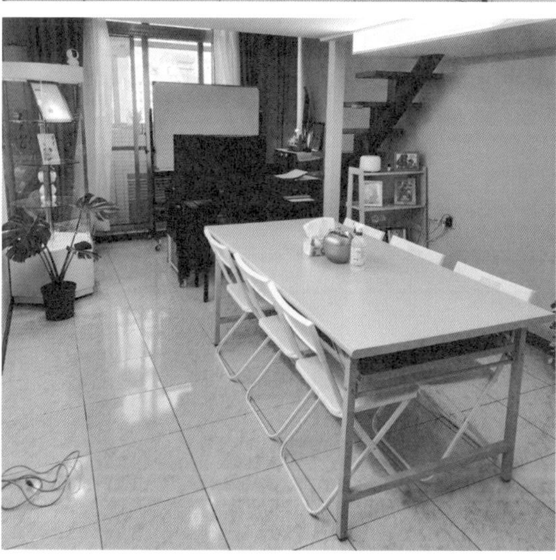

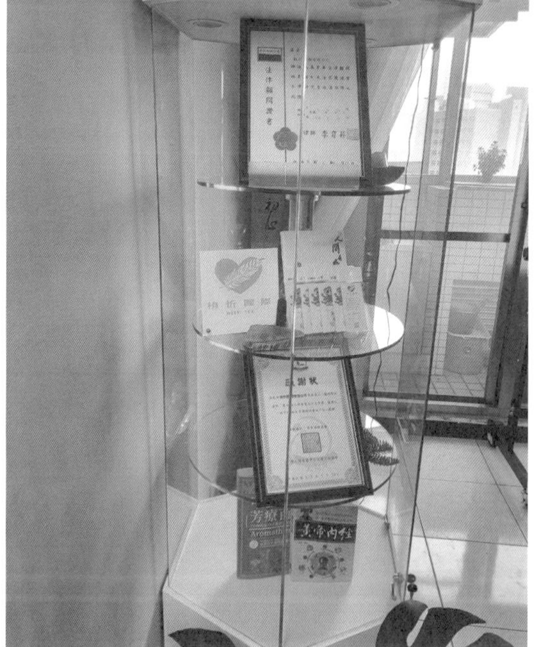

圖：栯忻國際有限公司從研發至定調，共歷時兩年時間，並籌備出多達 28 種精油

舒壓
活力
按摩油
元氣
按摩油

圖：栯忻國際期盼做到用產品說話，針對個人體質給予舒緩及改善，由左至右分別為：舒壓滾珠瓶、活力按摩油、元氣按摩油、熱情按摩油、希望按摩油、安定平衡純精油

結合中西醫學知識的專業精油顧問

在歷史長河裡，人們對精油的知識和運用皆具備長遠而深厚的基礎，在孫栯駖來看，它則與疫情期間人們勤洗手、戴口罩一樣，為照顧自己的一種方式。她提到，「健康是一切的根源，而預防勝於治療，透過精油，我們可以照顧好自己與身邊的人。」

市面上精油產品眾多，人人使用後皆有不同的體驗，栯忻國際以西方阿育吠陀芳療之藥草療法，結合中醫行氣調理的原理調配出各式各樣的精油，並針對季節與個人體質，給予不同的精油調配比例，顧客可藉由線上和店內諮詢兩種方式，得到精油使用上的協助。「我經常推薦客人閱讀中醫芳療百科和黃帝內經，並提供他們專業的建議與實質的幫助，更期盼未來有機會請到專業醫師向民眾開設相關講座。」

目前栯忻國際研發推出近三十種產品，其中以元氣按摩油、活力按摩油和舒壓滾珠瓶為主力商品，緩解人們的壓力、焦慮和睡眠問題；此外，也在情人節活動期間，順勢推出熱情按摩油、希望按摩油和安定平衡純精油，舒緩生理期與更年期女性身心上的不適感。

圖：創業難免面臨煩躁和負面情緒，孫栯羚認為，正向思考非常重要

創業如同遊戲，用智慧度過每一關

回憶起創業歷程，孫栯羚表示，創業宛如在玩遊戲，迎面而來的是看似難以突破的層層關卡，其所帶出的問題變化多端，可能是人力短缺、行銷效率不足，亦或是資金週轉困難等，但還有一項最可能成為創業心魔的，是家人的支持度。「註冊栯忻國際後，我的家人對這一切不太看好，他們深知創業本身不是一件容易的事情，應當設置停損點，避免持續耗費金錢，也會有意無意地勸說我放棄。」然而，孫栯羚未曾受到任何動搖，她始終堅信有夢想是十分美好的事情，努力提升自身的知識及能力以實現美夢，像是突破遊戲關卡般，解決遇見的每一個困難與挑戰，是懷有熱情的理想家應當堅持下去的人生理念。

「放棄不在我的選擇之中，我總是相信，當人真正想完成一件事情時，必定會全心全力用智慧去克服眼前的難關，而非為自己找理由和藉口。透過創立品牌，幫助更多人達成健康、幸福的生活，就是我的心願，這些都需要時間與努力慢慢累積，我深信一切會越來越好。」孫栯羚說。

投身慈善公益，手心向下力量更大

前陣子剛參與過白沙屯媽祖遶境，孫栯駖對這段徒步經歷侃侃而談，她分享道：「白沙屯媽祖遶境期間，我們帶著精油書籤、舒壓滾珠瓶按摩油與信眾結緣，看見他們在行走過程中，借助精油得到舒緩和幫助，我體悟到公益活動必須身體力行，因為手心向下的力量非常大，能讓人對一切感恩，得到心靈上的慰藉。」

除了推廣芳療知識，研發優良精油產品，孫栯駖表示，希望未來在經營事業之餘，也能投入更多時間在慈善公益上，並且藉由與宮廟授權聯名，將栯忻國際中西醫結合之理念推廣至國際，世界亦能從中看見台灣最道地的特色文化。

圖：孫栯駖與宮廟洽談授權聯名，將在地信仰文化與精油多元融合，帶出另一番不同的風情

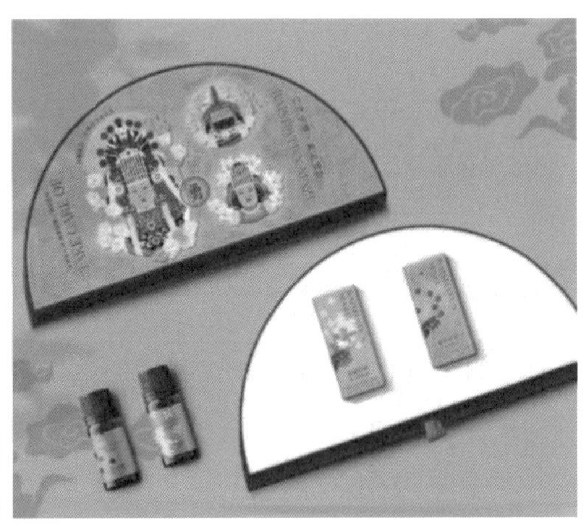

圖：白沙屯媽與栯忻國際授權聯名之女神愛用指定款（幸福恬靜 × 溫柔呵護），皆為純精油，可擴香、調油、單點，幫助入睡、安撫嬰幼兒、助防疫及舒緩呼吸道

給讀者的話

創業者所需具備的能力多元，從業務、管理、行銷到溝通與協調能力，皆須從培養專業能力與處世智慧做起；進而思考公司有何願景和前景、期望打造出何種品牌氛圍，是否能無懼面對困難和挑戰，並且不半途而廢。

品牌核心價值

栯忻國際有限公司以推廣中西結合之芳療知識及精油產品為主要目標，在平衡身、喚醒心、解放靈之中，帶領大眾一同用心感受呵護與愛。

經營者語錄

一旦有夢想，就要懷著無比的熱情去實現它，人生既短又無常，務必將時間留給愛你的人、你愛的人和你愛的事物上，經營好自己便能促成幸福人生。

栯忻國際有限公司

公司地址：台北市文山區羅斯福路四段 200 號 7 樓之 13

聯絡電話：02-8931-8331

官方網站：https://www.youxinwithyou.com.tw

Facebook：栯忻國際精油品牌 no.1

Instagram：@youxinwithyou

金石建設

圖：金石建設董事長柯建利

嘉義在地老字號建商的接班與轉型

自 1970 年代，台灣企業創辦人憑藉他們的勤奮和汗水，開創出空前的經濟奇蹟。經過幾十年的辛勤耕耘，他們現今大多已步入退休階段，把企業的營運大旗交接給「二代」接班人。這些商場新生代承接父母打下的穩健基礎，在當今瞬息萬變的商業環境，努力探索新的道路，以期實現「青出於藍勝於藍」的期望。長期深耕嘉義的「金石建設」，2015 年由柯建利接任，他也曾歷經一段迷茫與困惑的時期，經過八年不斷摸索、嘗試、創新與轉型，金石建設不僅成功度過新冠肺炎危機，更建立正面、堅實的品牌形象，深獲消費者的信賴。

研擬策略，加速轉型步伐，顧客體驗更升級

2015 年接班原非在柯建利的人生規劃中，當時他突逢家庭變故，母親生病，父親隨後因疾病過世，讓他不得不加快接班計畫。他回憶說道：「父親從發現生病到去世中間不到半年，他去世後的一年多我幾乎無法睡覺，當時一邊工作同時尋求心理諮商的幫助，花了一年才調整好情緒。」體會到疾病帶來的無常感，柯建利更明白任何值得做的事就應該盡快著手進行；於是在接任後，他便積極導入現代化的市場行銷策略，研擬出符合現今消費者偏好的設計風格，並提供更為周到的售後服務，為金石建設帶來全新的風貌。

柯建利發現，金石建設深耕嘉義數十載，但大眾對公司的認識卻相對有限，這讓他確信，必須在行銷策略上投入更多心力，以提升品牌知名度。同時，他也觀察到，過去消費者偏愛歐式風格的華麗和大器，但隨著現代社會生活型態的改變，人們更偏愛簡約、實用的現代設計，因此自他接任後，金石建設的設計風格也有了顯著的改變。

圖：比起成交，金石建設更希望與每位顧客建立長期深厚的關係

過去金石建設特別注重建築結構安全，當其他建商使用 5 分鋼筋時，金石建設則使用 7 分鋼筋，以確保住戶住得安心。雖說台灣位於地震帶，建築安全相當重要，但柯建利認為只關注建材品質和安全性並不足夠，應該要由內而外將每個建案都視為獨一無二的設計品，才能獲得消費者的青睞。他說：「在衛浴設備、燈具或家電，我們都特別選用國際知名品牌，希望能讓消費者體驗到更舒適的居家生活。」

大多建商往往認為消費者一生中只會購屋一次，所以他們的心態多半是「我只和你做一次生意」，因此並未投入太多心力於消費者服務，然而柯建利卻有不同的見解。他認為，每一位顧客的影響力遠超乎想像，每一筆成交、每一次的服務，都可能對顧客的家人和朋友帶來某種程度的影響，因此品牌的口碑與形象尤其重要，必須在每個環節都提供最優質的服務。這樣的理念促使柯建利帶領金石建設推出一項創新服務：每三年為顧客提供免費清洗外牆服務，這不僅有助於維護建築的美觀，更重要的是，它讓顧客感受到金石建設在售後服務上的專業和用心。

柯建利明白，一棟房子的價值不僅在於其硬體的結構或設計，更在於它能為居住者提供長期的舒適與安全感。因此，比起成交，金石建設更希望能與每位顧客建立長期深厚的關係，並將這種信任擴展到其他的面相。

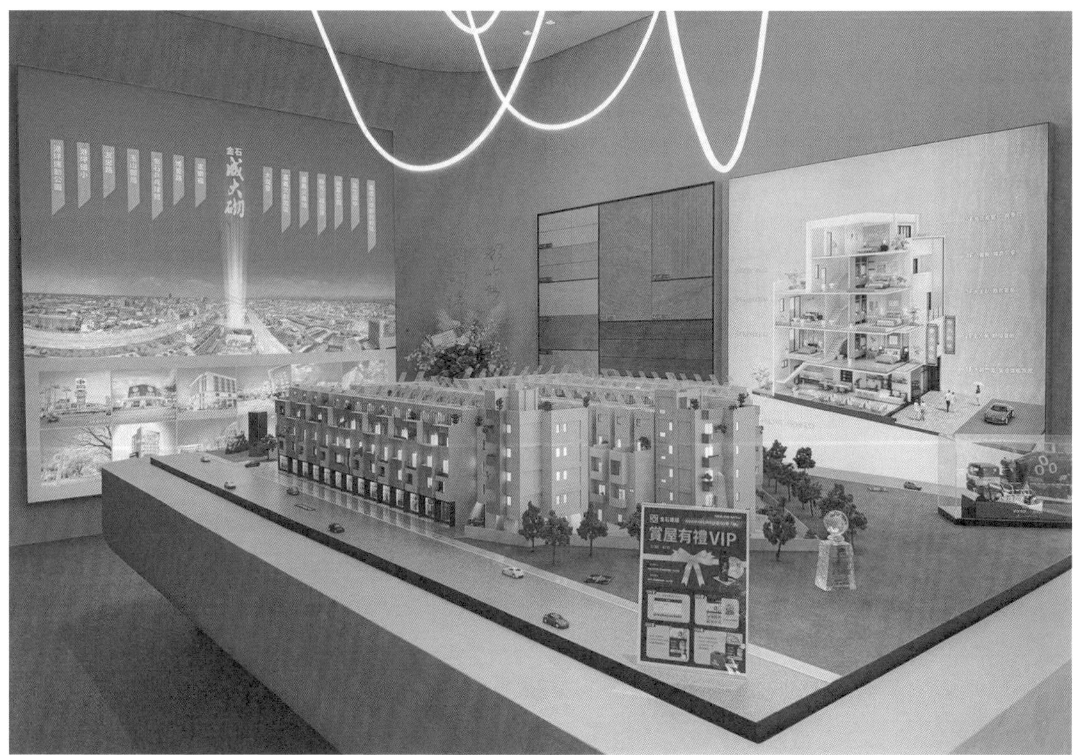

圖：深耕嘉義數十載的金石建設，始終致力於打造一個既安全又舒適的住宅空間

從「桌球沙漠」到「桌球綠洲」

三十歲出頭就成為建設公司董座的柯建利，由於性格外向又有經濟和管理專業，接班後從產品規劃、廣告行銷、銷售服務都親力親為，甚至在建案推出後的強銷期，會親自坐鎮接待中心為顧客說明建案的設計理念。他熱愛這個產業帶來的多樣性，同時，他也希望借助金石建設的力量，為他從小到大熱愛的桌球運動盡一份心力。

圖：熱愛桌球的柯建利近年投入推廣桌球運動，讓嘉義成為培育桌球好手的沃土

「我從小就夢想成為一名運動員，但高中時期，父母並不支持我念體育班，後來我就讀輔仁大學經濟系時，加入校際桌球隊以此滿足我的運動夢。直到現在，我每週都會抽出兩、三天的時間打桌球。」柯建利對桌球的熱情深得媒體讚譽，他被譽為「桌球狂人」，桌球就像是他血液裡的 DNA，時時刻刻都沸騰著。然而，他並沒有因為這項熱愛而忽略事業，相反地，他將畢生對桌球的狂熱與金石建設的業務相結合，為企業形象和桌球運動創造共贏的局面。

三年前，柯建利開啟了一項大膽的計畫：將嘉義打造成孕育專業桌球好手的搖籃。他規劃建造一座八層樓高、規模與國家運動訓練中心相當的桌球館，預計於 2024 年正式完工並營運。等待球館蓋建的同時，他先建造臨時球館，放置一張張奧運等級的球桌，並聘請台灣和日本的國家隊教練，包括賴冠珅和秋澤美希等 20 多位教練，讓被稱為「桌球沙漠」的嘉義，從此搖身一變成為孕育桌球好手的沃土。擁有高規格的球館和專業的教練陣容後，他進一步思考推廣桌球運動的作法，他提出「桌球三級制」的概念，希望從小學開始引導孩子學習桌球，並在他們的學習生涯中提供指導和支持，直到高中畢業。

過去，嘉義並沒有桌球校隊，但有了柯建利提供場地、設備和教練等資源，鼓勵各級學校建立自己的桌球隊，培養本地桌球選手，總算有越來越多學生開始接觸、學習；另一方面，他也積極招攬外縣市的桌球好手加入國高中的校隊。因為他的拋磚引玉，不少企業紛紛投注資源，一同加入健壯嘉義桌球環境的行列。

2018 年，柯建利創辦首屆「金石盃」桌球賽事，這項比賽以其豐厚的獎金吸引全台各地桌球好手，參賽熱情空前絕後；翌年，第二屆的「金石盃」更將總獎金提高至 136 萬元，在業餘桌球比賽中可謂是前所未聞，參賽隊伍數量也達到 218 隊、選手更超過了 1700 人。由於過去三年疫情的影響，金石盃於 2023 年 8 月才重啟賽事，為了彌補前些年的空白，他特別加碼獎金、總獎金突破 200 萬元，高額的獎金吸引了龐大參賽人數與隊伍，金石盃無疑成為全台灣最大的桌球比賽，彰顯出柯建利推廣桌球運動的決心。

圖：十年磨一劍，柯建利接班後的第十個案子「金石成大砌」，以造鎮規模推出店住透天美宅

圖：明亮、寬敞且具有設計感的招待中心，展現出金石建設對品質的堅持；
金石亦貼心準備兒童遊戲室，讓爸媽能安心賞屋

圖：接班後，柯建利堅持父親的經營理念，不僅注重建築安全，更全面鎖定優良建材廠商合作，讓金石建設有著良心建商的美譽

實踐企業社會責任，不遺餘力贊助選手

柯建利對桌球的熱情與行動力，不僅體現於賽事和校園，在職業選手的培育，他也扮演至關重要的角色，履行金石建設的企業社會責任。2018 年，他到中國深圳觀看桌球比賽，這場賽事中，他被台灣年輕選手林昀儒的表現深深感動。「小林同學當時的世界排名只有 50 多名，但我看到他迎戰中國頂尖選手的氣勢，就知道他心理素質很高！」回台後，柯建利難忘林昀儒的出色表現，便決定支持這名優秀的選手；爾後也贊助了桌球選手陳建安和鄭怡靜，希望選手能無後顧之憂，在更好的狀態下磨練技術。

圖：金石建設為客戶提供全方位的服務

柯建利的遠見不止於此，他指出，目前台灣並未有桌球的職業聯賽，這為推廣台灣桌球運動造成了阻礙，如果能在有職業聯賽的國家購買球隊，選用台灣的運動員，並將主場設在台灣，這將能吸引更多觀眾進場觀賽，為台灣桌球運動帶來更大的發展空間。

熱愛桌球的柯建利，愛的不只是這項運動帶來的熱血沸騰，更是因為桌球就像是個老師，教會他面對人生挫折的能力，「桌球是項很個人化的運動，賽場上你必須承受巨大的壓力，培養這種抗壓性對我做生意很有幫助，因為身為運動員，你不可能永遠是冠軍，且很有可能一連吞下好幾個敗績，但這些挫敗最終能幫助你更誠實的面對自己。」

柯建利父親臨終前曾對他說：「我白手起家，打下那麼好的基礎，留下那麼多的資源給你，你是不是要做的比我更好？」這句話不停地激勵著他。無論是作為人們口中的桌球狂人，還是建設公司的董座，柯建利正以自己的方式，毫無保留地為他熱愛的事業與桌球持續做出貢獻。

品牌核心價值

六大核心價值「誠信、安全、服務、品質、創新及執行力」。

經營者語錄

誠信是一切的根本，企業要永續經營，必須信守對客戶和廠商的承諾。

給讀者的話

努力不一定會成功，但是想成功一定要非常努力，機會來了就要把握。

金石建設股份有限公司

公司地址：嘉義市西區長榮街 303 號

產品服務：建築設計、規劃與建造

聯絡電話：05-222-6550

官方網站：kingstonecy.com.tw

Facebook：金石建設股份有限公司

S.well 璽溦藝術學院

圖：洧璿擁有獨特的美學視角和精湛技巧，逐漸成為彩妝領域的一顆明日之星

從心出發，以療癒為導向的創業新意義

許多創業者視競爭為成功的必經之路，然而，S.well 璽溦藝術學院品牌主理人鄭洧璿可不這樣認為。她認為，金錢的真正價值在於造福他人，為更多人創造生命的可能性，進而塑造美好的世界。S.well 的成立並非只是追求營利，更希望履行企業社會責任，成為療癒的渠道，幫助人實現其生命價值。

不畏麻煩與困難，眉毛還原技術恢復顧客自信

完成美術設計學業並累積多年彩妝經驗後，洧璿發展出獨特的美學視角和精湛技巧，逐漸成為彩妝領域的一顆明日之星。然而，當新冠肺炎疫情席捲全球，對許多人的職涯造成深遠影響時，她也不例外，這場無預警的全球危機促使她調整原有的工作規劃，尋找新的發展路徑。

疫情並非是洧璿轉型為紋繡師的唯一原因，過去她深入觀察彩妝師職涯樣態，認知到彩妝師職涯發展的局限性，因此早在心中埋下創業的種子。在這波全球性危機面前，她發現「危機即是轉機」，是時候將想法付諸實踐。「一直以來有不少人詢問我要不要嘗試紋繡，於是我花了兩年的時間觀察這個領域，希望一但開始做，就勢必要成功，並且能真正幫到更多人。」洧璿說。

在美業已有豐富經驗的洧璿，發現紋繡產業入門門檻不算高，因為手法技藝參差不齊，不難看到紋繡失敗的案例，這些人輕則有氣憤、懊惱的情緒，重則有憂鬱症傾向。不少紋繡師由於技術難度、時間成本、情緒壓力以及潛在的聲譽風險，往往不樂意服務紋繡失敗的顧客；洧璿則秉持著創業就是要幫助他人的心態，反而因此被激發更大的動力，希望能幫助他們透過「眉毛還原技術」還

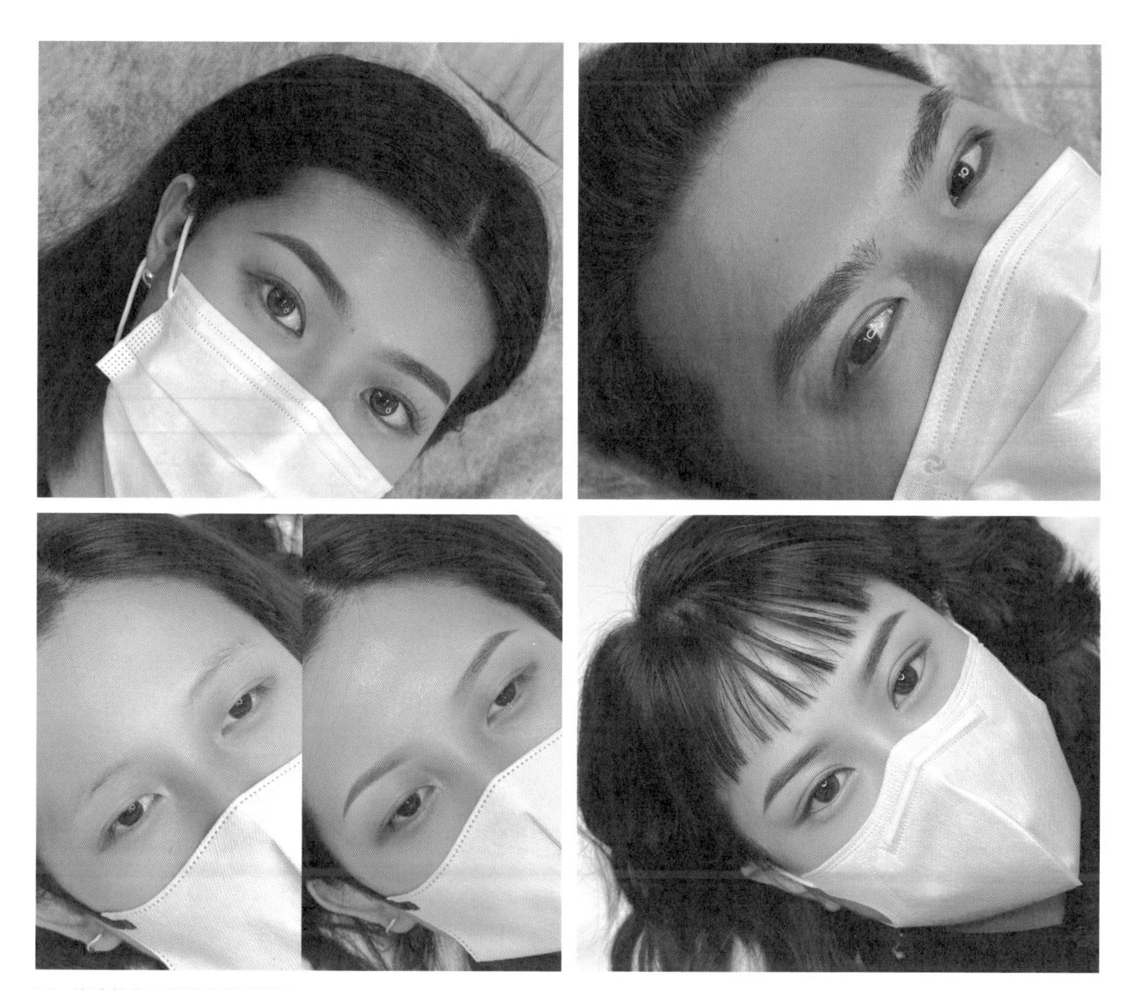

圖：洧璿的作品深受消費者喜愛

原過去眉毛樣貌，甚至擁有更美的雙眉。洧璿心疼地說：「一個人因為失敗的霧眉而缺乏自信，產生負面情緒，很可能會影響人際關係、事業，甚至親密關係，這真的非常可惜。」

過去為了調整失敗的紋繡，紋繡師會運用色彩學的原理，在眉毛上疊加其他顏色。例如在橘色的眉毛上使用綠色轉色，灰藍色就用橘色調和變為咖啡色，但這樣的修正方法，多數會因人體代謝機制而失去功效，難看的卡色又會再度顯現。好在由於時間的推進，紋繡色乳配方和成分也有了大幅度改進，擁有更高的碳含量，比起過去能有效改善卡色的眉毛，因此若妥善將卡色處進行轉換，霧眉失敗者就能找回專屬於自己的美麗。

洧璿坦言，處理這樣的眉毛，至少需要三個月到半年，耗費的心力和收益其實不成正比。儘管如此她也不以為意，「我們的職業就是要讓顧客變得更漂亮、更有自信，每天照鏡子都很快樂，這才是我們工作的目的。」

圖：細膩的手法與極高的自我期待標準，促使 S.well 努力追求卓越的品質

善用日本顏分析法，量身打造專屬之美

隨著社會對美的追求日益提升，紋繡的需求亦逐漸增長，導致紋繡店家如雨後春筍般出現；然而，不少紋繡師的技術未必純熟，也不擅於對顧客的臉型、五官、皮膚以及整體風格進行細膩分析，使得紋繡品質大相逕庭。從創業以來就快速累積忠實顧客的洧瑢，技術當然毋庸置疑，然而真正讓S.well在眾多紋繡店家中脫穎而出、受到顧客喜愛的關鍵因素，在於她融合並應用了「日本顏分析法」，使其紋繡作品更顯生動細緻的美感。

日本顏分析法強調對一個人的五官、皮膚狀況、肌肉走向，甚至表情細節的深度觀察，透過對這些細節的洞察，能了解不同顧客的內在狀態與情緒特質，例如是否容易發怒、人生方向感是否清晰或是內心是否壓抑，並運用於彩妝和紋繡上，讓成品更貼合人們的表情變化。

洧瑢認為，進行紋繡時應持續與顧客對話，並要求顧客睜開眼睛。這樣的做法，能有效地讓紋繡師觀察到顧客交談時五官、表情與眼睛的細微變化，確保顧客在不同表情下，紋繡的眉型依

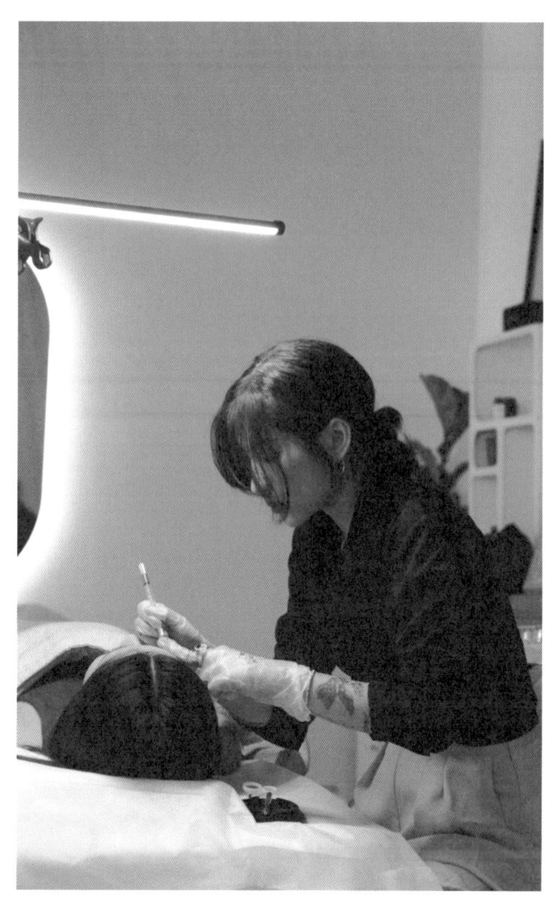

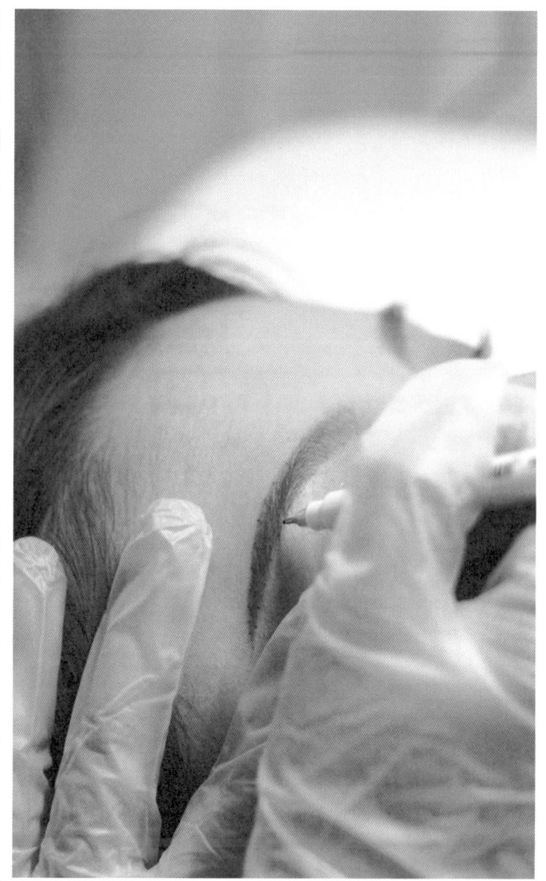

然協調對稱。紋繡並不僅僅是提供「美」的服務，更深層的是，它能幫助人們展現出美好的自我形象。例如一個在他人眼中是個相當溫柔的人，透過紋繡就能使自己看起來更精神、更具氣勢；反之，外貌強悍的人，也能透過紋繡展現溫柔的一面。洧璿深知，紋繡設計不只是觀察臉部的形狀與五官配置，更應該包含顧客的彩妝風格、髮色、膚色甚至整體穿搭風格。這樣才能為每個人找出專屬於自己的最佳眉形，讓他們不僅保留原有特質，還能散發出不同的氣場。

熱愛藝術的人通常對完美有著無比的追求，洧璿自然也不例外，她自述自己是一位注重細節，甚至有些強迫症的紋繡師。從諮詢顧客、理解需求，到施作紋繡，再到後續指導顧客整理眉毛，每個環節她都非常嚴謹，對顧客任何的疑難雜症也來者不拒。有些店家或許會避免面對挑剔且要求過高的顧客，但洧璿卻恰恰相反，她開朗地表示：「我尤其喜愛挑戰要求高的顧客，因為我往往對自己的要求比他們還高。當我能滿足他們的需求並帶給他們安全感時，就能獲得對方的信任，進而使客戶與身邊親友分享、推薦更多的顧客過來，這對 S.well 的業務發展非常有助益。」

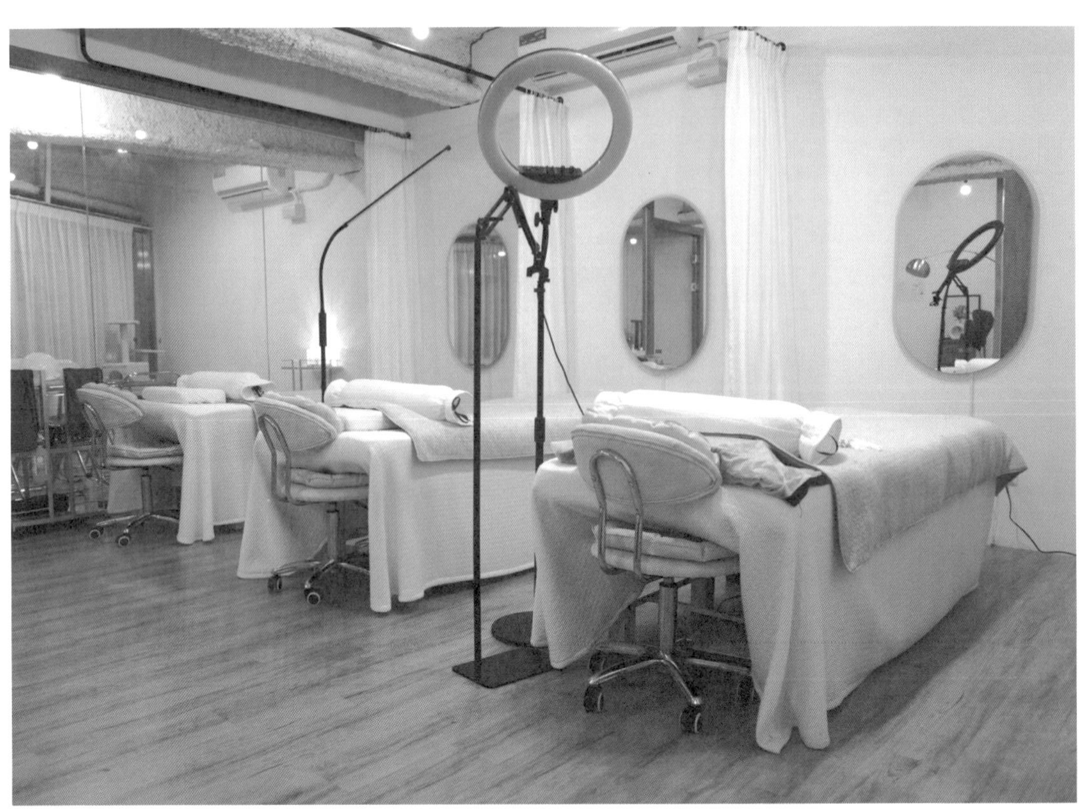

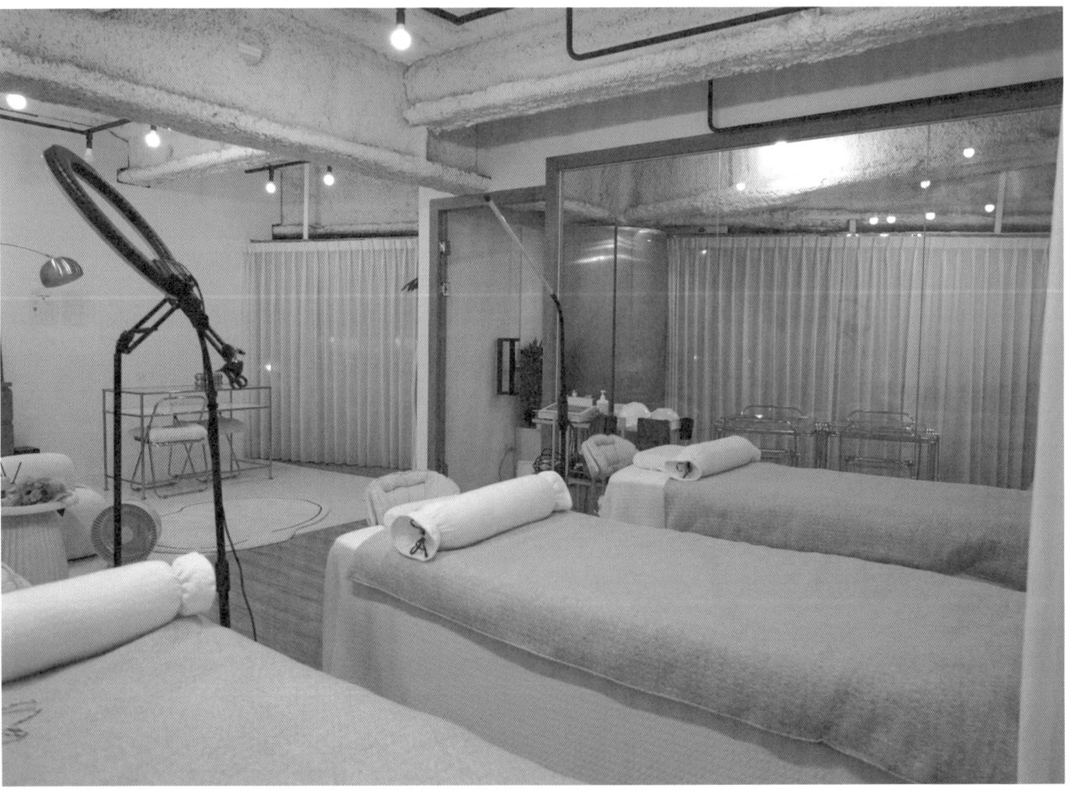

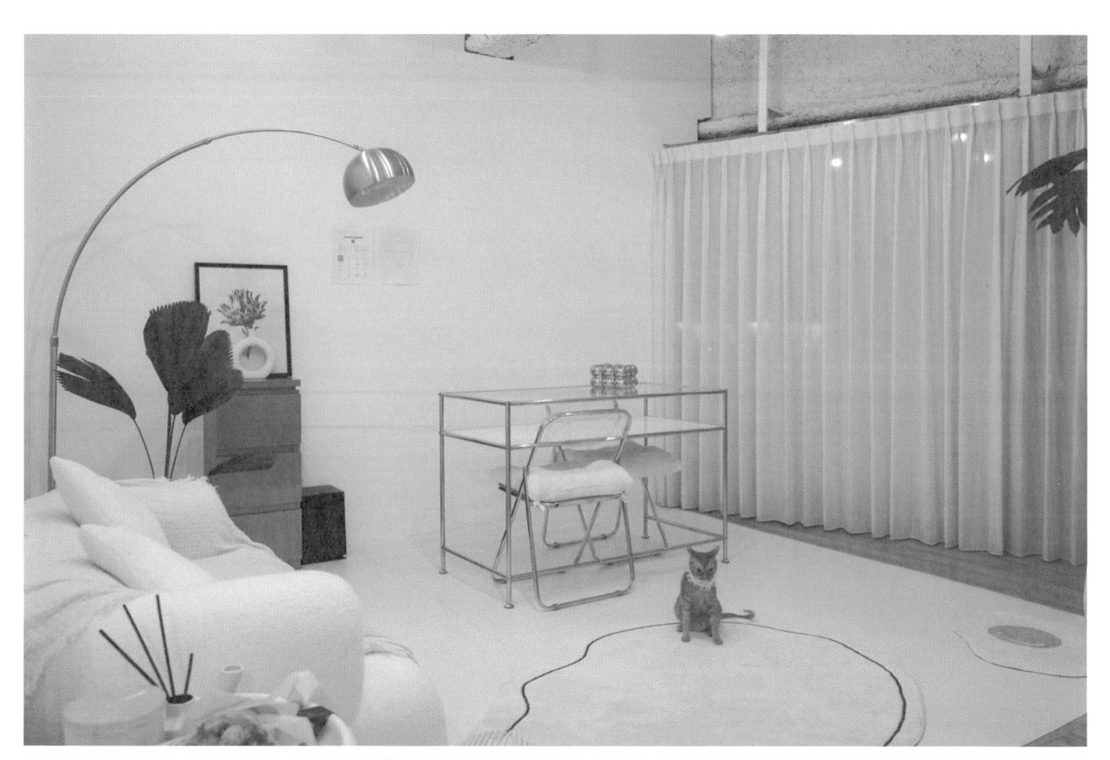

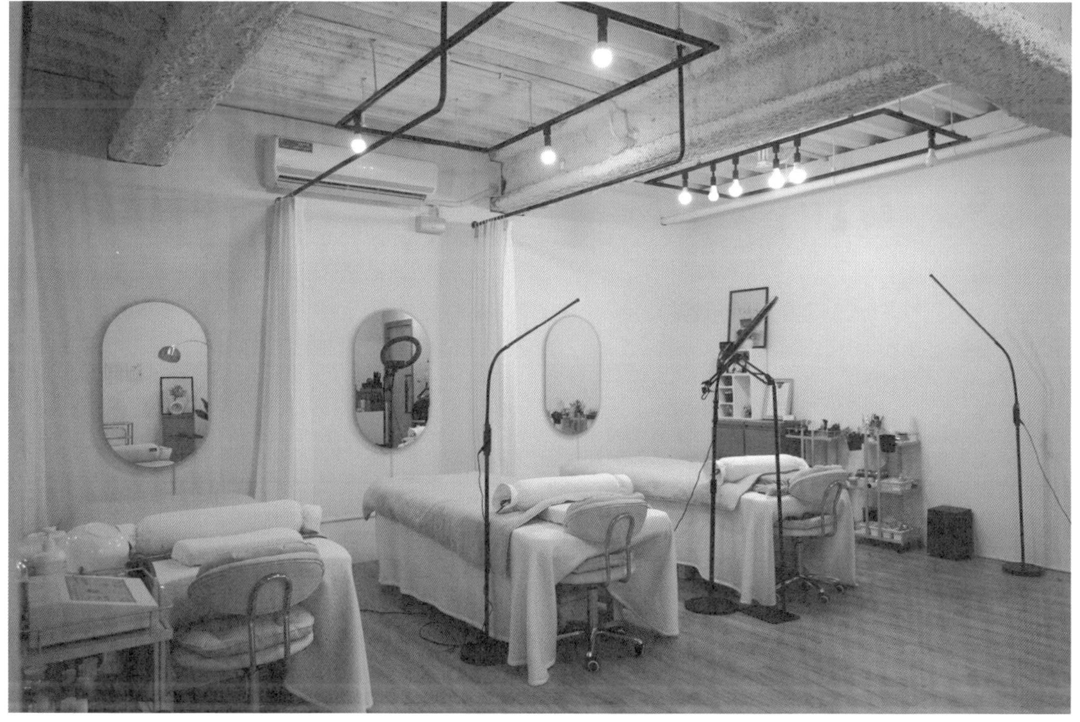

圖：療癒舒適的空間氛圍，讓顧客能在此忘卻日常喧囂

金錢只會流向充滿愛的地方

創業其實是一項相當獨特且個人化的旅程，對部分人而言，創業代表著追求自由和自我實現的機會，或是實現經濟成功的途徑，對洧璿來說，「創業，更重要的是意味著創造社會價值，藉此幫助更多人過上更美好的生活。」

她計畫將藝術學院推出的紋繡課程，免費開放給缺乏資源的弱勢族群，更生人、清寒家庭、受暴與被性侵者，都是她熱切希望培養的對象。「無論人們擁有任何背景、任何過去，我都希望能協助他們擁有一個正面的成就或事業，幫助他們重新找回生命的自信。而 S.well 將會是協助他們的一種途徑。」 洧璿說明，課程中不僅會教授紋繡技巧和日本顏分析方法，還會分享如何有效利用資源和人脈，開創一項成功的事業。她認為，紋繡技術並不難學，真正的挑戰在於如何行銷服務的價值，吸引更多人支持，「技術固然重要，但如果不懂得如何將它展現出來，那麼客源將會非常有限。」她表示。

面對顧客各種問題時，洧璿也有獨到的處理方式。她擅長運用同理心和良好的溝通能力，安撫顧客的情緒。她說：「許多顧客會產生的疑問，都是能夠藉由提前溝通來解決，因此紋繡師必須要學習耐心去安撫客人的不安感。」

在台灣競爭激烈的市場中，不少人認為紋繡產業已有飽和跡象；然而，洧璿卻不認為這會成為踏足紋繡的限制。她相信，每個人都有自己獨特的風格和特質，只要繼續提升技術和專業知識，便能找到屬於自己的客群。「市場被許多品牌或個人瓜分是無可避免的，但只要不斷專研和精進，每個人一定能找到一片天。」她接著強調，「市場會不斷進步和變化，我們不能僅依賴市場調查來決定是否應該投身這個產業，更重要的是，你是否能找到方法讓市場認識你、看見你。」

身兼創業者、紋繡師、彩妝師、講師多重身分的洧璿，同時也是一個富有靈性的啟發者。她期盼所有曾在生活中受傷的人，能透過一個技藝的習得來創造嶄新的可能，成為一個能被社會尊重、愛護的人。她說：「創業並不僅僅是為了賺錢，我相信金錢會流向充滿愛的地方。如果我能藉此機會影響、幫助更多人，讓 S.well 成為一個療癒的平台，並培育更多願意一起付出的夥伴，便能為社會創造出良性的循環。」

雖然 S.well 成立僅一年多，但她對品牌的願景不僅止於台灣。憑藉過去的海外工作經驗，她希望將專業知識和技能分享給更多的人，「台灣美業發展已相當成熟，我希望未來也能將這項軟實力，拓展到馬來西亞和新加坡等國家，提供紋繡和彩妝的教學培訓，為當地產業注入新的活力。」

除了擔任彩妝師，過去洧璿也曾在建築業、服飾業、餐飲業工作過，在各個生命階段，或許她改變不少身分，但唯一不變的是，她從不讓過去的生命經歷定義自己。她相信，只要有心，每個人都能在生活中找到屬於自己的獨特篇章，並貢獻才能，讓世界成為更美好的地方。

圖：洧璿希望 S.well 能成為一個助人的平台，幫助更多人實現對生命的想像

品牌核心價值

唯有愛和熱情才能看見天賦，唯有快樂才能創造財富，而豐盛都源於先貢獻，學院的初衷就是讓每個人活出使命，創造屬於自己的奇蹟人生。

給讀者的話

轉念的能力對創業者至關重要，面對挫折時，要學習重新詮釋背後的意義，這將能帶給創業者更多學習的機會，以面對未來的挑戰。

經營者語錄

相信自己，勇敢邁進，奇蹟無限。

S.well 璽溦藝術學院

店家地址：台中市台灣大道二段 186 號 3F-3A

Facebook：S.well 璽溦藝術學院

Instagram：s.well__syuaneyebrows

Line：@700hqlfy

產品服務：紋繡、美甲、面部美容、彩妝、心靈教育諮詢

Grandma Rose Cake

圖：Felicia 相信只要堅持初心用心去做，就能守護寵物的健康，為毛孩們帶來笑容

遠赴韓國學習寵物蛋糕，守護毛孩健康

知名美國野外攝影師曾感慨地說：「直到有了動物的陪伴，我才體會到無盡的愛。」長年投身動物救援的退役空服員 Felicia 也深有其感，在她救助的無數流浪動物中，一隻年邁且身體狀況欠佳的拉布拉多「Rose 奶奶」，不僅為她的生活增添了色彩，也給她的人生帶來深遠的變化。正是 Rose 奶奶的出現，讓原本不懂駕駛的 Felicia 下定決心學習開車，方便將來可以載著這個 50 公斤的老奶奶就醫、到處玩；除此之外，為了提供自家寵物及其他毛孩更健康的飲食，Felicia 積極學習動物營養學等相關知識，甚至遠赴韓國，參加專業的寵物烘焙課程。

延續愛犬溫暖精神，製作美味與營養兼具的寵物糕點

學有所成後，Felicia 並未止步，2022 年年底，她創立工作室「Grandma Rose Cake」並親自授課，將她的知識和烘培技能傳授給同樣關心寵物健康的飼主。課程引來廣大的關注和報名，不少飼主熱切期盼藉由學習，也能為寵物製作出既健康又美味的寵物零食和糕點。

Grandma Rose Cake 可謂是 Felicia 對已逝愛犬 Rose 奶奶的深情紀念，也是她與愛犬緊密連結的寫照。她侃侃而談：「早在十多年前，我就投入動物救援工作，一度同時照養 11 隻狗，並幫牠們找尋主人。其中，Rose 奶奶對我有著特殊意義，她雖然肥胖、行動不便，但每次我回家，她都會吃力地起身，熱烈歡迎我。尤其，我在她身上看見了無私的包容，她總是不介意其他幼犬在自己的嘴上咬來咬去，是一隻極度溫暖的狗狗。」為了傳承 Rose 奶奶的溫暖精神，並徹底實踐自己對動物的熱愛與關懷，Felicia 從航空業退休後，決定將她的烹飪和烘焙專業技術與知

圖：溫暖又善解人意的 Rose 奶奶是 Felicia 成立工作室的最大動力

識，融入到寵物糕點製作中。她獲得韓國伴侶動物營養協會（Korean Association of Companion Animal Nutrition，KACAN）台灣唯一海外分會的資格，開始開班授課，教導人們如何製作各種美味、營養的烘乾零食、點心麵包，以及造型精緻可愛的蛋糕。

長期照護年邁拉布拉多的經驗，讓 Felicia 深深明白高油脂、高鹽和高糖分對動物的危害。因此，製作寵物糕點時，她堅持選用天然食材，避免使用對毛孩健康不利的色素、化學合成物、鹽、油和人工添加物。韓國進修回台後，她帶回更多的烘焙技術和適合毛孩吃的食材，除了用天然蔬果製成的粉末取代一般食用色素，更選用地瓜、南瓜、藍藻、紅蘿蔔、紫薯等多種天然食材，來打造出色、香、味三者兼具的寵物糕點。「你可能不會相信，這些寵物蛋糕其實比人類食用的蛋糕更加健康呢！」Felicia 笑著說，對寵物糕點製作相當謹慎的她堅決不使用任何奶油、鮮奶油、奶油乳酪、塔塔粉或泡打粉，以確保不會給毛孩們帶來任何不必要的身體負擔。

「寵物烘焙是一個新興市場，我希望能分享韓國最新的寵物營養學概念和健康的製作方法，讓更多的飼主或業者能明白，其實只要運用台灣在地的蔬果和米穀粉，就能製作出各種有趣且具創意的蛋糕和點心，製作方式絕不會對寵物健康造成任何傷害。」為了傳授這些專業知識，Grandma Rose Cake 現正規劃四種類型的大師班課程，包括：點心烘乾類、蛋糕麵包類、蛋糕設計類及教師證書課程；其中，最受歡迎的課程是蛋糕設計類。即使是完全沒有烘焙經驗的初學者，也能從基礎的打蛋技巧和烘焙原理開始學習，進而掌握更進階的技術。

Felicia 精心設計五天密集課程，非常適合初學者從頭開始學習，課程緊湊且內容充實，學員們能學習到各種抹面、裝飾技巧和翻糖捏塑的方法；令人期待的是，她還會分享不同種類的蛋糕體配方，並教導學員如何選擇經濟實惠的食材，在家輕鬆製作出既美觀又吸引人的蛋糕。課堂上，她相當注重基本功的訓練，如果學員在打蛋白或攪拌麵糊的過程中出現問題，她會要求學員反覆練習，直到完全掌握技巧。為了確保每位學員都能得到充分指導，每個班級的學員人數最多只有四人，這樣她就能在課堂上即時發現問題並予以糾正。

Felicia 進一步表示，這套課程不僅包含寵物糕點的製作技術，也包含了製作人類食用蛋糕的烘焙技術，例如抹面和蛋糕裝飾；換言之，學習這項課程後，學員就能夠替換食材，以相同的技巧製作出人類喜愛的各種蛋糕。不僅如此，學員還能學習到製作馬卡龍、南瓜派、披薩、玫瑰麵包、雞肉壽司捲、馬德蓮，甚至是有著仿炸麵衣的炸雞等多種點心，為自家寵物提供獨特又有趣的美食。Felicia 說：「大師班教學不僅提供配方，還會教導各種製作方式及可替換的食材，比如說炸雞粉就有多種不同配方，這樣的課程對於想斜槓創業的人也相當適合。」

課程結束後學員往往會發現，寵物糕點成分相當天然健康，不只寵物能享用，甚至也適合小小孩品嘗。例如，製作程序看似複雜的馬卡龍，實際上只需要運用一些小工具，就能與孩子一同製作，一起享用。

對於許多寵物愛好者來說，寵物不僅是家中成員，更是與我們共享生活、走過生命高低起伏的心靈伴侶。為了讓這些毛茸茸的小夥伴度過一個充滿愛與驚喜的生日，Grandma Rose Cake 除了提供專業且充滿創意的烘焙教學，也為寵物量身定制獨一無二的蛋糕。儘管為寵物定制蛋糕的活動，可能只在特殊節日才會進行，其頻率相對較低，但 Felicia 依然強調，無論何時，我們都必須將寵物的安全與健康放在首位，以確保寵物享受美食的同時，不會傷害身體健康。

圖：使用天然食材製作而成的寵物蛋糕，相當繽紛且吸睛

Kacan Taiwan
Grandmarose

Grandmarose

GRANDMAROSE

圖：Felicia 開設寵物烘培課程，教導學員製作出美觀又營養的寵物點心

圖：學員的精彩作品。課程將深入淺出的協助大家學會蛋糕技術和專業知識

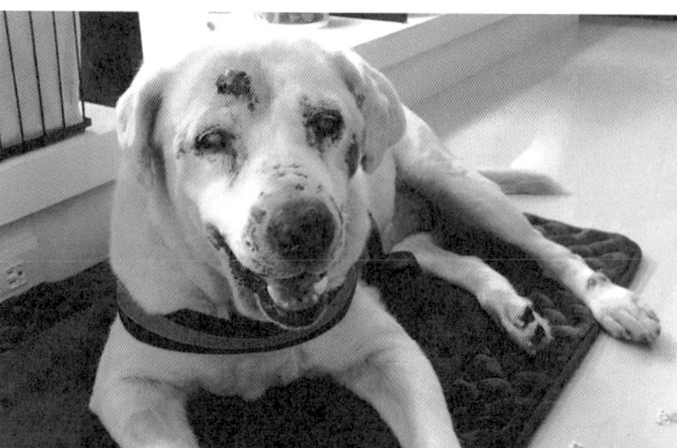

圖：長年參與動物救援的 Felicia 期待運用她的專長幫助更多流浪動物擁有後半生的幸福

舉辦流浪動物派對，分享愛與關懷

雖然 Felicia 已掌握許多烘焙技巧，並成功地將這些技巧傳授給許多學員，但她明白自己在商業營運和品牌行銷方面較為不足，因此創業初期 Grandma Rose Cake 面臨了許多推廣上的挑戰。

許多創業者善於利用華麗的語言和巧妙的策略吸引消費者，例如宣傳自己的產品具有療效，或學員能在短期內習得專業技能；然而，Felicia 卻選擇保持誠實與真誠，她不希望誇大其詞行銷品牌，「我深信動物營養學是一項相當專業且嚴肅的學問，我會持續學習並努力提升自己，但我不認為我能取代專業獸醫師或動物營養師的功能。」正因為這樣的堅持，Grandma Rose Cake 在品牌推廣可能比同業來得保守和低調，但 Felicia 仍堅持自己的初衷和信念。她相信，只有真誠地為消費者提供高品質且富有營養的烘焙課程和產品，才能為寵物和飼主帶來真正的價值。

過去幾年，Felicia 仍舊不遺餘力救援動物，她不僅幫助狗狗找到新家，還會收養無法送養或身體狀況不佳的狗狗，照顧牠們直至生命的最後一刻。目前，她正在策劃一項創意計劃，希望能為流浪動物舉辦派對，並藉此機會為牠們募款，她充滿熱忱地說：「通常不會有人為流浪動物舉行派對，因此我希望能夠利用我的技能和知識，為這些動物製作寵物糕點，進行義賣。」她深知，一個人的力量有限，僅僅靠捐款無法真正解決流浪動物的困境，因此，她希望利用所學，透過義賣活動結合寵物糕點的教學，吸引更多人關注流浪動物議題，且傳遞正確的寵物飲食觀念，讓參與者明白選擇正確的食物對寵物健康的重要性，進而影響他們對寵物飲食的選擇。

Grandma Rose Cake，就像 Felicia 深愛的 Rose 奶奶一樣，充滿溫暖與愛，在這裡，每一份寵物糕點都揉合了對動物的深深關懷，每一堂課都讓學員學習到如何用正確的糕點製作方法，表達對寵物的愛。展望未來，Felicia 希望能進一步拓展品牌影響力，例如推出相關周邊產品，甚至結合民宿、寵物餐廳等元素，推廣寵物健康飲食觀念。她相信，只要堅持初心用心去做，就能守護寵物的健康。

品牌核心價值

毛孩的健康永遠擺在第一位。

經營者語錄

用健康營養的概念，為毛孩創作出五彩繽紛的寵物點心和蛋糕。

給讀者的話

用我們每個人的力量，守護毛孩們的健康，最好的方式就是主人也要多學習正確的寵物營養學知識。

Grandma Rose Cake （Rose 奶奶的幸福甜）

店家地址：新北市淡水中山北路二段 201 號 2 樓

Facebook：Rose 奶奶的幸福甜／ Rose 奶奶家的慢生活

Instagram：@grandmarosecake

鼎蝸蝸

圖：鼎蝸蝸期盼擴大養殖規模，讓國際看見一個來自台灣的蝸牛王國

引領蝸牛養殖之路，打造永續發展奇蹟

多數人對蝸牛的印象，或許仍然停留在暖濕的路邊小徑上，那些排排成群的可愛蝸牛。然而，世界各地包括台灣，皆有一群蝸牛養殖達人，不追逐安穩的傳統創業，而是挑戰了這個冷門卻充滿潛力的行業，摸索和發展出屬於自己的成功養殖之道；提供高品質的優質食材之外，同時確保生態平衡之維護，締造出一個宛如蝸牛王國的永續發展奇蹟。以上訴說的，是為台灣蝸牛養殖業建立起 SOP，擁有全台獨創新手教材的「鼎蝸蝸」；跨越世人對冷門行業的誤解，現今他們期盼以自身養殖經驗，引領更多想投入這項新奇事業的創業家，一同打造蝸牛養殖的奇幻世界。

蝸牛養殖流程標準化，全台獨創新手教材

人的際遇多變，十年前「鼎蝸蝸」創辦人林佑儒也想像不到，他會在投入這項冷門而新奇的創業後，一步步達成自己的人生理想。過去原本從事隱形眼鏡業務員工作的林佑儒，在閒暇之餘亦頗有投資的興趣，他於嘉義租下一整棟樓房，計畫著一樓開娃娃機店，二樓作為 AirBnb 出租套房；未料，樓下街區環境嘈雜，二樓無法作為套房出租使用，所幸朋友介紹有一種可養在室內的白玉蝸牛，對此林佑儒相當有興趣，便買下三百隻蝸牛、跨出了創業的第一步。

「最初不清楚養白玉蝸牛的用途，只曉得養大後有人會收，覺得蠻好玩所以嘗試看看！」沒想到這一養就是八年，並成立鼎蝸蝸股份有限公司，創造出其他養殖人從未思考過的標準化養殖流程，更提供新手養殖戶全台獨創的蝸牛養殖教材。林佑儒表示，「早期台灣養蝸牛並無特別器

材、沒有 SOP（標準作業程序），我們希望以擴大養殖為目標，將每個階段 SOP 化，從種蝸下蛋、孵蛋，到孵出小蝸牛，再到蝸牛成長過程所有需注意之事項，變成一套新手也能輕鬆上手的系統化教材，讓蝸牛養殖成為可學習與借鑑的知識技術。」

作為一名「過來人」，林佑儒將自身的養殖和創業經驗，濃縮精華成新手教材，他分享：「大約七萬元即可加入創業，初期只需要一個兩坪以內、可控制溫度和濕度的通風空間即可，我們將提供設備、種蝸和飼料給加入的養殖戶，待順利將蝸牛養成後，便可把牠們賣回鼎蝸蝸。」

圖：上排圖為新莊養殖教育中心，下排圖為中和大型養殖場之建置過程

圖：鼎蝸蝸大規模養殖蝸牛，期盼補足市場缺口，亦達成友善環境的理念

圖：透過參展分享蝸牛的相關知識，化解人們對冷門行業的誤解

冷門行業與大眾誤解的羈絆

身處一個冷門的蝸牛養殖產業，林佑儒在創業路上面臨的最大困難，不在於如何將一隻隻小蝸牛拉拔成長，而是家人、朋友或旁人對該行業或多或少所持有的誤解。「家人持反對意見最主要是宗教信仰因素，他們認為這個行業是在殺生，朋友則是對這個產業抱持疑問的心態，認為在台灣好像還未有人將它成功做起。至於其他人，會認為我們公司是詐騙集團，但我們能夠包容和理解，因為台灣不像戰爭前的烏克蘭，本身是個養蝸牛大國、將大量的蝸牛供應給歐洲市場；相對地，養蝸牛這件事在這邊實在太過冷門，本身能見度不高，也導致有蝸牛需求的台灣市場目前仍然缺蝸牛。」林佑儒解釋。

越是冷門，越要努力將它熱門化以補足市場的需求，亦為環境生態之平衡及永續盡一份微薄心力。作為一家養殖十萬餘隻蝸牛、所有養殖戶團隊共具二十萬隻規模的養殖公司，鼎蝸蝸主要將養殖、收購的蝸牛販售給法式、義式或無菜單料理餐廳，少數則成為特殊寵物可食用之肉食品。林佑儒熱切說道：「盼有更多想兼職或創業的養殖戶加入我們，一同將量能衝起，共創下一個蝸牛王國。」

願以堅韌的心志，締造未來蝸牛王國

創業並非易事，尤其置身冷門產業，林佑儒認為，擁有無比堅韌的心志是創業者必須培養的特質，他談道：「一路走來會遇見各式各樣的問題，資金周轉、人才與人際、營業額等壓力，而在經營公司的過程中，需處理的事情遠多於過去上班族時期，因此要有十分堅強的心理承受能力以度過經營時所面臨的困難與挑戰。盡量拉長目光，未來的自己回頭看現今的挫折和壓力，會認為這一切不是重大的事，所以不要糾結於此刻，學習調整自身心態，對創業者來說更有利。」

不僅放眼未來，鼎蝸蝸最大的理想，即是充足整體量能以待出口，「公司已有外銷訂單，充足量能後銷售至海外如歐洲和美國等地是我們目前的主要目標。」過去作為歐洲糧倉的烏克蘭，在戰爭發生以前每年皆出口數百噸的蝸牛至歐洲，現階段因戰爭因素，國際市場亦有蝸牛肉缺口，鼎蝸蝸期盼擴大養殖規模，未來將以熟食冷凍肉品的形式出口至世界各地，讓國際看見在亞洲，亦有一個來自台灣的蝸牛王國。

圖：鼎蝸蝸工作團隊將自身養殖和創業經驗匯集並系統化，為台灣蝸牛養殖增加經驗值並盡一份心力

圖：鼎蝸蝸養殖分享會，期許有更多想兼職或創業的養殖戶加入，一同將量能衝起，共創下一個蝸牛王國

經營者語錄

人無全人，努力不一定有回報，堅持也不一定圓滿。一生長短，總有些錯必須犯，總有些彎繞不過，總有些挫折免不了，總有些情緒避不開。 既，無處可躲不如享受，無法靜心那就靜心，無可如願可以釋然。有時候、大多時候，事情本身並無關緊要，重要的是用什麼心態看待，心態對了，萬事就順了，人生就不累了。善待並反省自己，不怨、不悔、不糾、不纏過往不念，未來不迎，只求當下。我能做好，鼎蝸蝸也能做好，在當下做最大的努力，只求無怨無悔。

品牌核心價值

鼎蝸蝸以增加優質食用肉之選擇為目標，降低環境中碳排放和生物鏈毒物累積，期盼永續經營並友善環境。

給讀者的話

創業跟能力值無關，沒有人天生什麼都懂，全需靠後天邊闖蕩邊學習。就創業而言，要聽從的是自己的內心，需要的是一股踏出去的勇氣，全心全意做這件事宇宙必定幫助你。

鼎蝸蝸股份有限公司

公司地址：新北市新莊區中正路 516-24 號號 1 樓

聯絡電話：02-7728-8178

Facebook：鼎蝸蝸股份有限公司

栢鶴茶·膳

圖：民以食為天，栢鶴堅持使用好食材來料理

令人意猶未盡的獨特反差

擁有網美般的精緻外型，骨子裡卻是硬底子的料理功夫，位於高雄市楠梓區的餐廳「栢鶴 茶·膳」，自開業以來的數個月，就以這獨特的反差風格讓饕客大為驚艷。創辦人賴俊元十五歲就離開家鄉台中，在外就學工作，最初踏上餐飲業是從擺攤販售便當開始；因感念父母一路的支持，2023 年與太太林怡慈共同創業開餐廳時，便決定將父母親名字各取一字，為餐廳命名為「栢鶴」。

十里洋場的吸睛設計，復古中點綴奢華氣息

決定品牌名稱後，俊元和怡慈一同發想餐廳空間風格，兩人不約而同覺得「栢鶴」二字，頗有「十里洋場上海灘」的感覺，因此決定以此為靈感設計空間。當顧客經過栢鶴時，總會被醒目的金色大門所吸引；步入餐廳後，能看見綠色與金色的元素融合一塊，創造出一種精緻且優雅的氛圍。

綠色象徵著生機與自然，金色則表徵著財富與尊貴，這兩者的完美融合，為整個空間注入豐盈且奢華的氣息。俊元和怡慈還精心挑選以鶴為圖案的瓷器作為裝飾；鶴在傳統文化中象徵長壽、健康、和平和幸福，這些瓷器為整個空間增添更多的生氣和活力，也象徵餐廳對顧客的美好祝福。

「許多顧客都好奇我們的裝潢是由哪間設計公司負責的，但其實整個裝潢設計都是我與妻子親自操刀。」餐廳角落還懸掛著鳥籠般的燈飾，巧妙地營造出神秘感和浪漫氛圍，仿佛時光在此流轉，述說無盡的故事。俊元表示，因為該區域的餐廳大多較為簡約，栢鶴希望用這種融合復古與奢華的風格，為顧客帶來不同的感受，也讓這個地方成為大家聚餐、約會的首選。

圖：栢鶴精緻的藝術元素和精心設計的裝潢，營造出一種獨特且高雅的用餐氛圍

B O H E
9

健康至上，致力於打造美味營養兼具的中式料理

儘管餐廳空間宛如嬌貴的上海富太太，栢鶴的餐點卻像是個希望孩子吃的健康的老母親。俊元明白，雖然使用冷凍肉品成本低很多，但為了保證顧客能享受到更美味且健康的料理，他堅持選用生鮮肉品且不製作油炸類的餐點，不希望造成顧客身體的負擔。

隨著現代生活節奏的加快，外食已成為許多人日常生活的一部分；然而，長期外食可能導致身體健康下滑。作為餐飲業者，俊元深知店家所使用的食材和油品，長期下來可能對顧客健康造成的影響，他誠懇地說：「我希望我們提供的每一份餐點，都能實實在在地對得起良心，因此絕不會為了追求利潤而選擇劣質食材。」

為了提供最新鮮且美味的料理，俊元和怡慈每天早上七點就開始準備食材，所有的餐點都是現點現做並限量供應。主餐中最具特色的有：阿嬤傳承下來的私房料理「招牌封肉」是古法滷製生鮮腿庫肉；而上等五花肉醃製，使用海鹽烤出外酥內嫩口感，再搭配自製蔥油醬汁的「香酥脆皮燒肉飯」；以及用雞骨慢火熬煮，搭配誠意十足滿滿青蔥的「主廚蔥香雞腿湯麵」。若有素食需求的顧客，栢鶴也提供「清炒野菇蔬食」和全素湯品。

甫次創業開設餐廳，兩人都相當重視顧客的反饋，他們會在清理餐盤後仔細觀察，了解哪一種小菜剩餘最多。俊元解釋：「所有的套餐都會附上三樣親手製作的小菜及一道現炒青菜，由於每個人的口味和喜好都不同，我們會根據顧客的意見適時調整小菜品項。」

圖：栢鶴 茶·膳絕不會為了追求利潤而選擇劣質食材

圖：每一道菜都是一場美食饗宴，滿足饕客最挑剔的味蕾

穩扎穩打，確立品牌正面口碑

儘管栢鶴隱藏在不起眼的巷弄之中，並且周遭地區發展仍在起步階段，人流量並不如市區多，但憑藉用心的餐點和舒適大器的環境，栢鶴很快就吸引不少美食部落客的報導，以及百貨公司的招商邀約。然而，對於品牌未來發展，俊元仍採取穩紮穩打的態度，他表示：「由於我們的地理位置需要較長的時間提升餐廳知名度，我認為當我們能持續鞏固好餐點品質和流暢的營運模式，累積更多正面口碑，才是拓店的好時機。」

從販賣便當的攤販到餐廳的創辦人，俊元一路走來不畏辛苦與挑戰，他坦言過去頂著大太陽30幾度的高溫在戶外販售便當，每天都跟時間賽跑，現在經營餐廳相對而言輕鬆許多。

他提醒欲嘗試餐飲創業的朋友，初期不要貿然投入大量資金，能先從攤販或餐車開始累積餐飲經驗為佳，因為若在經驗不足時租下店面，很容易會面臨巨大的風險。「創業是一條艱難的道路，往往不如我們最初想像的簡單。在創業過程中，你需要努力地向市場展示你的獨特性，切記不要盲目跟風，一定要找出自己的特色，這樣才有可能在創業道路上走得更遠。」另外，俊元也提醒，餐飲創業者必須要有心理準備，每日的客流量會起起伏伏，當顧客少的時候，若有貸款或經濟壓力，可能會比當上班族時面臨更大的心理壓力；但他也鼓勵任何想創業的人，先從累積經驗開始，「像我也不是餐飲的本科生，我認為如果你能累積更多經驗，就會找到辦法壯大自己。」

在栢鶴，每一道菜，每一份餐點，都流露出俊元和怡慈對食材選擇的堅持、對健康飲食的關懷，以及對客戶滿意度的重視。他們相信餐飲業是一種良心事業，業者的每個選擇都深切關乎顧客健康，必須抱持嚴謹的態度，認真以待。

品牌核心價值

民以食為天，使用好食材料理，讓顧客吃的安心健康是我們堅守的信念。

經營者語錄

「人生就像射箭，夢想就像是箭靶，如果你連箭靶都找不到，每天練拉弓有什麼意義。」找到你的箭靶，勤奮的拉弓，你會得到獨一無二，屬於你的歷練。

給讀者的話

人生就是不斷的挑戰，不要畏懼挑戰，跨越畏懼的那條線，代表你離目標又更近了一步。

栢鶴 茶・膳

餐廳地址：高雄市楠梓區大學二十街9號

Facebook：栢鶴 茶・膳

Instagram：@bohe.teameal

普林斯頓超強記憶

圖：普林斯頓超強記憶訓練，至今訓練並輔導超過 25000 名學員，圖為基隆國中記憶親子專班

普林斯頓超強記憶訓練

提到記憶訓練，多數台灣民眾往往會聯想到坊間各種誇大宣傳，但實際學習及運用成效低落的初階腦力潛能開發課程；事實上，真正有效的記憶訓練是一種能夠幫助人們提升記憶、認知與活用能力的系統性方法。由邁奇智庫管理顧問所開發的「普林斯頓超強記憶訓練」，透過改良傳統的記憶訓練方法，在二十多年的教學實戰和經驗反饋之下，整合出一套完整、可與時俱進並適用於各年齡層、專業學科領域的記憶訓練系統，成功幫助眾多學員在課業、職場和生活中取得卓越成果，進而達成其心目中的理想目標。

跳脫坊間噱頭，打造完善且實用之記憶訓練系統

曾創下年營業額 3500 萬佳績，至今訓練並輔導超過 25000 名學員，由邁奇智庫管理顧問創辦人徐德才 Simon 所開創的「普林斯頓超強記憶訓練」可謂台灣二十多年來獨一的業界奇蹟。談起記憶訓練，Simon 表示台灣早期號稱由國外引進的記憶訓練，多半為處於萌芽階段的基本概念，過去亦接受過相關訓練課程的他提及：「過往這些課程以生動有趣的圖像記憶法作為教學主軸，或許令人耳目一新，但表面而初淺的內容，對台灣學子和社會人士在實際運用層面來說幫助有限。」

於是，決心要跨越早期收費高昂的噱頭課訓，Simon 將從前自身學習的記憶訓練基礎，與台灣教育制度和證照體系相互結合，從無到有打造出具備系統化、分類化及活用化等多項特色，這

圖：普林斯頓超強記憶訓練上課氣氛佳，並採用明亮、舒適且可容納多人的教室環境

套他與夥伴稱之為「普林斯頓超強記憶訓練」的系統課程。「改善台灣孩子依賴的補習習慣，幫助他們建構起一套完整而且有效的讀書方法，就是我們開發『普林斯頓超強記憶訓練』的初心與目標。」Simon 堅定地說。

在豐富扎實又能彈性活用的記憶訓練課程裡，Simon 和團隊歷經二十餘年，共同度過了 SARS、金融海嘯乃至近期新冠疫情之摧殘，並藉由品質與創新兼具的精良課程深受許多家長和學生的青睞，在台灣起起落落的記憶訓練市場中仍舊屹立不搖。

圖：普林斯頓超強記憶訓練成功幫助眾多學員在課業、職場和生活中取得卓越成果，圖為基隆女中教師研習營

普林斯頓超強記憶訓練 惠存
記憶超群
國立陽明大學
通識教育中心遠距課程 敬贈
二〇〇四年十月二十一日

ING

圖：多年來 Simon 累積豐富的教學與演講經驗，左頁由上至下分別為：陽明清大交大遠距教學、新加坡保銷大會演講，
右頁由上至下分別為：聯強國際創意思考訓練、記憶訓練班

「親子同行共學、終生免費覆訓」的二十年教學實踐

究竟是哪些因素，促使普林斯頓超強記憶訓練在二十多年後仍然立於不敗之地？這或許和課程講究細節、注重活用，同時還能增進親子互動，並且可跨階段尋求輔導協助有顯著的關係。

Simon 親和說道：「知識不應僅限於課本中，而是要學會將其融入生活。無論學生的年級或學科，我們都請他們帶著教科書來，一方面他們可以從我們的課程中學習，培養出有效的讀書方法，同時也透過諮詢協助他們解決課本上碰到的難題；記憶訓練不再只是表面的知識系統，而是一種能夠將知識活用於實際情境中的系統方法。此外，隨著輔導更多的學生，我們也累積越多學科專業的教學案例，並將這些教學成果積極地反饋到記憶訓練系統中，進行全面的優化及精進。」宛如超強人工智慧一樣，普林斯頓超強記憶訓練亦隨著案例資料庫的不斷擴增，學習並優化自身的記憶訓練系統；無論未來遇見何種學科專業，皆能展現出其無懈可擊的一面，幫助學員輕鬆有序地活用現代龐大而繁雜的知識和資訊，讓每個人在自己的領域中綻放出豐盛與精彩。

「除了上述，我們還有兩大主要特色：第一個是『親子同行』，家長可以免學費跟著孩子一起來上課，學習之餘還能增進親子互動；第二個是『終生免費覆訓』，有些學生在小學、國中階段參加記憶訓練，長大之後不論是高中、大學甚至進入職場，隨時都可以再回來充電。」言談間 Simon 的語氣充滿真誠，不僅彰顯出他對普林斯頓超強記憶訓練的信心，也展現了想幫助每位學員追求進步的決心。

締造輝煌創業成績三要素：信念、精準、創新

走過二十年的歲月，普林斯頓超強記憶訓練如今在全台不同縣市建立了六間教室，年營業額穩定地維持在 1500 萬平均值上下，而這一切的成就，則源自於該訓練機構的共同創辦人 Simon 所擁有的專業知識和豐富經驗。他不僅分享著關於創業的經驗談和建議，更大方傳遞如何透過卓越的經營來締造輝煌的創業成果，Simon 充滿信心地說道：「從創業角度來看，創業者必須對產品深信不疑，相信它的出發點是為了造福更多人，並擁有想與人分享的信念。初心的純粹性至關重要，因為不同的出發點將會產生不同的行動和結果。」

踏出創業的第一步需要勇氣，然而在 Simon 看來，更重要的是在第一步踏出去以前先把事情做對。他指出：「我們要避免在創業過程中即興行事、且戰且走的情況，因為在千變萬化的創業世界中，走的會是『開高走高，開低走低』的路徑，所以想創業就必須在踏出第一步之前，精心考慮每一個細節，確保一切在起步前準備就緒，以免日後需要花費大量時間來進行改變和修正，而忽略了企業經營的核心本質。」

作為邁奇智庫管理顧問公司的負責人，Simon 深刻認識到進步和創新對於企業的重要性，只有不斷地精進才能在競爭激烈的市場中避免被淘汰，並保持在時代的浪潮中堅穩不倒。因此，Simon 計劃在不久的將來開設針對上班族和銀髮族的相關訓練課程，以因應現代社會形態和日常生活的重大變遷。

上排圖：作為台灣師範大學 EMBA 當屆畢業生代表，Simon 認為普林斯頓超強記憶訓練系統為他攻讀碩士班期間，給予學習及研究上極大的幫助，最終收穫優異的表現與成績

下排圖：靈活的口語表達能力、深厚的問題解決功力以及想幫助學員達成理想目標的熱忱，是普林斯頓超強記憶訓練專業而優質的講師團隊所具備的三大特質

品牌核心價值

普林斯頓超強記憶訓練——不只是記憶力，更是強大的思考力！

經營者語錄

可以理解的知識，就不用死背。

給讀者的話

學到老才能真正的活得好！

普林斯頓超強記憶

公司地址：台北市信義區基隆路 1 段 163 號 9 樓之一

聯絡電話：02-2768-5887

官方網站：https://www.powermemory.com.tw/

Facebook：Princeton 普林斯頓 - 超強記憶訓練

欣禧體育器材

圖：王李中癸擔任總統府桌球教練長達十五年之久

退役運動員築夢踏實，成功轉戰商場

從美國籃球巨星麥可喬丹到台灣前籃球國手張憲銘，世界各地不乏專業運動員退役後，成功轉戰商場的案例。前桌球選手王李中癸即是其一，退役後，他接手父親創立的桌球用品公司，並將其轉型為更多元的體育器材供應商，品牌名為「欣禧體育器材有限公司」，代理 STIGA、CRACK、LOKI 等國際知名桌球品牌。近年來他不遺餘力推廣桌球運動，擔任新北市體育總會桌球委員會總幹事、台北市殘障桌球協會常務理事、中華工商經貿科技發展協會名譽理事和全國運動會新北市代表隊教練，希望推動桌球成為台灣的國球之一。

成功轉型，引領欣禧體育代理國際知名品牌

在台灣，提到購買桌球用品，欣禧體育無人不知、無人不曉，三十年來他們始終專注於桌球用品的銷售，有著一群死忠的支持者；然而，當王李中癸承接父親創辦的事業時，仍經歷一段難熬的磨合期。父親堅信「凡事見面三分情」，認為要推廣自家業務必須親力親為、面對面接觸顧客，但王李中癸作為「數位原住民」，卻對此有著不同見解。他深知網路行銷對現代企業的重要性，因此，相比遵循傳統的推廣方式，他更傾向投入精力在網路行銷，由於觀念上的差異，王李中癸接班初期頻頻與父親發生矛盾，「由於網路的影響，人們從了解品牌到消費的整個過程已發生巨大變化，因此我更加注重品牌行銷和球員贊助，這種做法當時父親並不認同。」好在隨著網路浪潮的推進，父親也逐漸接受商業環境已與過去截然不同，必須有新思維、新策略，才能為企業開創出嶄新的風貌。

圖：王李中癸與教育部國民及學前教育署署長吳清山一同參與「乒乓傳愛」，目標要跑遍全台灣 22 個縣市

圖：王李中癸與台北市桌球協會前理事長黃孝忠、汐止超行星桌球董事長王士豪等人

目前，欣禧體育代理 STIGA、CRACK、LOKI 等國際知名桌球品牌，其中來自瑞典的 STIGA 更是其重要的合作夥伴。STIGA 是一個極受全球桌球愛好者歡迎的品牌，除了其產品的卓越品質，他們還將最新的科技與桌球用品相結合，不斷致力於創新；STIGA 產品走在時尚尖端，隱藏不少黑科技，最近的一項創新產品 CYBERSHAPE 球拍引起了熱烈討論，這款球拍打破乒乓球界的傳統概念，改以六邊形設計，獨特形狀幫助選手更好地感知擊球區域，優化及增大擊球面積、讓擊球速度大增，並具有發短球和接檯內小球的優勢，越來越多國際知名選手都已開始使用這款球拍。

儘管桌球係屬較為「個人」的運動項目，但在經商上，王李中癸更傾向「團體戰」策略，他觀察到不少二代接班者碰到營運難題，最主要的原因即是過於迫切希望獨吞市場。他說：「企業的目標是永續經營，而非追求短期較高的利潤，因此欣禧體育與別人最大不同之處在於，欣禧體育願意和下游廠商共同努力，秉持有福同享的概念，共同分享獲利將產品推向市場，創造雙贏局面。」

圖：STIGA 比賽球被指定選為「中華桌球協會」比賽球，近年也推出引起熱烈關注的六邊形球拍 CYBERSHAPE

關注社會體育發展，讓桌球成為國球之一

比起過去，近年台灣更加重視運動選手的需求，但從基礎設施、資源分配，到選手培訓等面向，仍有許多值得政府與民間攜手改善之處。轉換身分後，王李中癸也希望盡一份心力，利用自己的資源與人脈，增加桌球的知名度和參與度，並為選手打造更佳的訓練環境，「其實桌球在國際賽事的成績比起棒球或籃球更加亮眼，所以我希望透過一己之力，讓桌球成為台灣熱門運動的前三名。」為此，欣禧體育贊助了數名有潛力的青少年國手，以及代表台灣出征的中華隊國手，希望讓選手們有更完善的裝備，去訓練、去拼搏，爭奪每一場比賽的榮耀。

除此之外，王李中癸工作忙碌之餘還擔任「新北市體育總會桌球委員會」總幹事一職，任何有關桌球運動的事務，包括與政府機關、學校、企業等組織合作，他都親力親為努力推動。他表示：「這項工作相當繁雜，有些球隊缺乏經費或需要移地訓練，我都需要從中協助申請或協調，但台灣運動員的資源相當有限，現在我有能力為球員、為社會付出，我非常樂意去做。」

圖：為了推廣桌球運動，王李中癸與公共電視台合辦「公視體育國小桌球邀請賽」，同時他也是國民體育日的公益大使，獲得全國有功人員殊榮

圖：欣禧體育不遺餘力推展大專院校的體育活動並參與體表會，熱衷社會活動的王李中癸也擔任市議員的顧問並參與相關活動

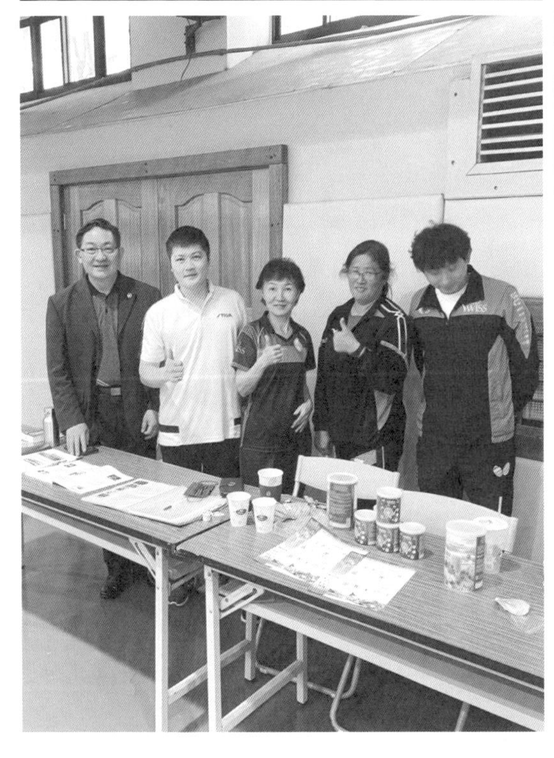

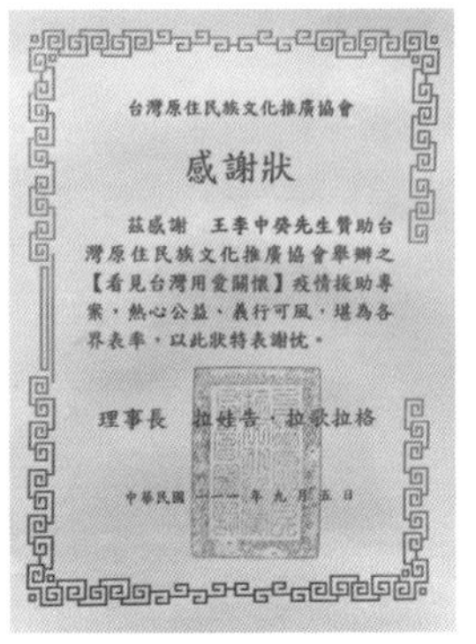

台灣原住民族文化推廣協會

感謝狀

茲感謝 王李中癸先生贊助台灣原住民族文化推廣協會舉辦之【看見台灣用愛關懷】疫情援助專案，熱心公益、義行可風，堪為各界表率，以此狀特表謝忱。

理事長 拉娃告・拉歌拉格

中華民國 一一一 年 九 月 五 日

圖：秉信飲水思源的理念，欣禧體育相當熱衷於參與公益活動，並支持台北市身障桌球協會長達六年的時間

上圖：王李中癸（左起）、前新北桌球總幹事鄭維賢、副執行長劉守坤、裁判長林盛；中圖：欣禧體育合夥人葉秀偉（左起）、賽事紀錄組組長姚庭琴、台北市體育總會桌球協會前理事長黃孝忠；下圖：新北市體育總會桌球委員會所有幹部、裁判

將運動精神轉化為經商智慧

從在球場上揮汗如雨、專注練習每一個動作，到成為帶領團隊的企業老闆，經商和打球對於王李中癸而言其實非常相似。首先，他強調「堅持」的重要性，「無論是磨練桌球技術或是經營企業，必然會遇到各種棘手的挑戰，『堅持』是成功必備的關鍵要素，唯有持之以恆才有可能成功。」其次，他認為努力工作不如「聰明工作」，他比喻，當對手在球場上抓住你的弱點攻擊時，當下其實不需硬碰硬，而是要思考是否有其他策略可以化解困境，這種思維模式也適用於多變詭譎的商業環境，遇到任何阻礙時保持靈活度並冷靜思考，總能找到新的路徑與可能。

過去三年，疫情對運動相關產業帶來沈重的打擊，雖然目前已能看到回溫的跡象，但王李中癸清楚知道，要回到疫情前的水平，至少還需要兩、三年的時間。儘管如此，他對未來沒有任何畏懼反而充滿信心，他期待欣禧體育可以繼續陪伴每個熱愛桌球的人，共度下一個三十年。

品牌核心價值

以積極學習且全心服務的精神，致力於滿足消費者的需求。

經營者語錄

飲水思源，取之於社會，用之於社會。

給讀者的話

如同一項運動需要不停打磨技術，經商也是如此，機會永遠是留給願意「堅持」的人。

欣禧體育器材有限公司

公司地址：新北市中和區中山路二段 362 之 2 號 2 樓

聯絡電話：02-2245-5900

官方網站：stiga.com.tw

阿金的便秘花園

圖：海埔國小附設幼兒園的小朋友們，前往阿金的便秘花園參觀

輕鬆點綴居家，打造有趣的植感生活

風靡年輕族群的新鮮事物無數，不過有一種，是歲月中的經典不敗，它能夠陪伴一代又一代的人成熟老去，卻又在看似即將枯萎之際席捲再來，成為全新世代所嚮往並追尋的生活品味。位在高雄的「阿金的便秘花園」，背後即有一段相似的故事，買家從退休且喜愛園藝的長輩，逐漸轉變為踏入園區享受週末假期的年輕世代，而唯一不變的，是阿金的便秘花園園長對植物的熱忱，以及想把自己喜歡的事物分享給更多人的用心，期盼用一片綠意為人們的生活注入滿滿的舒心和自在。

奇特店名背後的故事

阿金的便秘花園，大概再也沒有比它更有趣的園藝店名，這是它帶給人們的親和力與趣味，也正是它的魅力所在。聊起店名緣由，園長宋致穎回答得真切坦白，他表示：「園藝是我自己的興趣所在，因此，在把興趣變成工作之後，會殷切希望這個品牌被大家看見，並且擁有更多與人分享、交流的機會，取名『阿金的便秘花園』就是希望能引起大家的好奇，讓人覺得它既有趣又好記。」

高中和大學皆就讀園藝相關科系的宋致穎，其實早在高中時期已有「阿金的便秘花園」的初創概念，並且開始透過當時興起的拍賣平台，販售自己在校園裡分株及繁殖的植物；基於對園藝的熱愛，宋致穎決定在大學畢業後，將興趣轉而開創成一個專業經營的園藝品牌，這正是阿金的便秘花園的由來。宋致穎表示，直至今日，他除了睡眠以外，其餘時間皆投入在工作中，並且樂此不疲，因為這一切是他的熱忱所在，工作則成為把鍾愛的事物分享給他人的一段過程，「朋友總說我看起來一直在玩樂，其實我是一直在工作，不過，對我來說也確實是如此，工作就是在玩樂。」

海埔附幼

圖：阿金的便秘花園收藏眾多植物，吸引無數喜愛園藝的朋友

用綠意種植幸福居家

從早期的拍賣平台，到時下最盛行的 Facebook、Instagram 和 Youtube，阿金的便秘花園在網路上相當活躍，透過介紹植物品種、栽培方法等園藝知識，將植物融入到人們的生活裡，讓大家體驗輕鬆在家種植的樂趣。

隨著銷售平台與流行風潮的轉變，宋致穎談到，消費族群的年齡層亦有所變化。從早期的中老年長輩客群，到社群平台興起後，比例大幅增加的年輕族群，其中以擁有經濟基礎、三十歲上下的族群為主；遊客經常利用週末閒暇的時刻，到阿金的便秘花園充滿綠意的園區，享受繁忙工作中未能擁有的悠哉恬適，而最熱門的是園區裡的鹿角蕨和觀葉植物。「鹿角蕨和觀葉植物對光的需求量相較其它植物來得低，因此它非常適合在陽台種植。」除了購買鹿角蕨、觀葉植物和塊根植物，客人也能在園區內選購喜愛的盆器，將植物愜意地帶回家，平日還能跟隨阿金的便秘花園社群平台線上直播，在園長親切而細心的分享之下，一步步打造出有「植」感的居家生活。

更重要的是行動力

走過每個創業階段，創業者面臨著各不相同的困難和挑戰，宋致穎也不例外，他以自身的經驗分享道：「剛建立一個品牌的創業初期，難在於大家還不是那麼認識我們，所以為了讓喜愛園藝的人對阿金的便秘花園這個品牌有記憶點，在社群平台慢慢崛起後，我們積極地發文、交流、擺攤和參加市集，漸漸地，累積出一定的客群及銷量。」

然而，真正的挑戰則是在累積了一定的客群後，欲增進商品的豐富性、服務的多元性以及硬體設施的增建時，所遇上的資金問題；為了提供客人更多購買選擇與生活趣味，儘管面臨挑戰，宋致穎深信所有事情必有其解決之道。「我們想把陽台的空間擴增，添購更多植物栽種的設施，但這些都需要資金，雖然訂單不斷進來，可是這些硬體設施是一筆龐大的支出，所以會有種不上不下的感覺，最後我們是透過使用青年創業貸款，去緩解增建硬體遇到的資金問題。」

問及創業是否需要具備足夠的資金後，再予以投入，宋致穎表示，創業之初龐大的資金並不是必須的，反觀，生活中處處皆是商機，可藉由有興趣的項目，搭配合適的銷售管道和社群平台，慢慢累積客群和建立品牌信任度，再思考更龐大的資金問題亦不遲。宋致穎說：「時間一直都在流逝，若萬事具備後才開始行動，可能當初的一個想法或商機，現在投入的效果已經不如以往；而且等存到一大筆錢才去投資，風險反而更高，或許會整個賠進去。所以我會建議，當下想做什麼就立即展開行動吧！」

圖：由阿金的便秘花園所主辦的第三屆「植方市集」，於 2023 年 4 月在華山文創園區熱烈登場

圖：園長宋致穎在高中時期已有「阿金的便秘花園」的初創概念，如今他將自己的熱忱與事業結合，期盼把園藝的魅力和光彩傳遞出去

不要贏了對手，卻輸給時代

除了擁有行動力，勇於執行點子想法，將其落實為實際且可行的創業歷程，持續觀察市場動向，並根據消費者的生活體驗對經營策略做出彈性調整也相當重要。宋致穎表示，從過去至今，不論是任何領域，在市場上有許多盛極一時的品牌，受歡迎時收穫了極高的流量與熱度，但是最後卻由於各種不確定的因素而造成品牌沒落，甚至整個消失在市場上，是一件非常可惜的事情。

當一個品牌經營出成績後，勢必要進一步思考接下來該怎麼做，針對經營策略做彈性調整，宋致穎表示：「經營者務必隨時更新品牌的經營策略，現在的銷售網站、社群平台多元，有新的工具出現也要去了解、學習使用它，千萬不要贏了對手，但輸給了時代。」

品牌核心價值

透過介紹植物品種、栽培方法等園藝知識，阿金的便秘花園 A-Jin's Secret Garden 將植物融入到人們的生活裡，讓大家體驗輕鬆在家種植的樂趣，一步步打造出有「植」感的居家生活。

阿金的便秘花園

店家地址：高雄市湖內區中華街 90 號旁

聯絡電話：0970-097-365

Facebook：阿金的便秘花園［A-Jin's Secret Garden］

Instagram：@ajinsgarden

官方網站：https://www.ajinsgarden.com

一糰人
Nian² Group

圖：產品皆選用天然植物成分，以專業的完美配比使其發揮出最大的功效

陪伴漫遊於自然之植萃旅行組

生活在喧囂而繁忙的城市裡，總讓人有著回歸和親近大自然的念頭，並從每一場戶外旅行中，重新體驗生活的純粹與美好。在南台灣，即有一群熱愛露營、喜愛親近大自然的人們，在一次次露營的經驗裡，開始發掘出戶外活動人士的各種需求，成立一糰人 Nian² Group 後以滿足自己和其他人的需求為初衷，首先推出成分天然「一價三享」的植萃旅行組，期盼所有戶外愛好者都能擁有更加輕鬆自在的旅行，從而盡情享受生活帶來的美好。

熱愛露營而成「糰」

「一開始只有兩三帳，到後來開始有越來越多親友加入我們，營地的帳篷數也越來越多……」一糰人 Nian² Group 共同創辦人盧韻薇「Lu Na」訴說起自家人齊聚露營的情景時，仍能從她的言語間感受出那份聽聞蟲鳴鳥叫、與星夜為伴的悸動。由於對露營懷有一股難以抹滅的熱情，隨著越來越多人加入，Lu Na 和身邊人開始以「我們這一團」稱呼這個熱愛露營的大家庭，久而久之則因喜歡「黏」在一起而演變成「一糰人」。

在一糰人裡，人人各有長才且多才多藝，Lu Na 笑談：「因各自有擅長的項目，例如：料理、保養、團康等，我們開始會在閒談之間去思考，如何發揮及運用每個人的強項，為喜歡露營的人做些什麼，好讓戶外活動變得更方便、有樂趣。」因此，如同許多品牌的發想，一糰人從旅行之中，看見了人們的生活需求，而有了品牌與產品的種種構想。

圖：走入大自然享受山林沐浴，一欉人在旅行和生活中開啟彼此間的心靈對話，並將此精神注入成為品牌內涵，願人人都能享受這份遠方傳遞而來的美好

然而，一欉人每位成員現階段皆仍有正職工作，無法百分之百專注投入之下，料理、保養、團康等項目暫且擱置，說好來日有機會再續，Lu Na 亦不想浪費團名，便與以「大社金城武」自稱的親弟盧彥志，開始鑽研何種產品能為自己和身邊人當前的露營活動帶來更多便利性，並且透過品牌，將這份心意傳達給更多露友，而她則想起了自己每回外宿前準備起來感到最棘手的洗沐用品。說來也巧，在 Lu Na 設定好品牌定位，開發出一系列的洗沐用品後，政府隨即釋出未來將階段性禁止飯店業使用一次性備品的政策消息，更讓 Lu Na 確信一欉人的品牌正走在正確而實際的道路上。這一欉，終將更加黏密，緊貼旅行生活中的所有基本需求。

圖：一糰人 Nian² Group 推出之屋頂花園洗髮露（馬齒莧、韓國薑黃、維他命 B5）、卡爾花園沐浴露（肥皂草、金盞花、甜菜鹼）和洗卸透亮潔顏露（糖基海藻醣、薏苡仁、海檀木樹皮），讓戶外活動之沐浴成為一種自然而舒心的愉快體驗

專為戶外愛好者設計：一價三享植萃旅行組

身爲露營愛好者，確切地說，偶爾會忘記攜帶盥洗用品的露營愛好者，Lu Na 所開發的是一系列專為戶外活動愛好者所設計的洗沐用品組，她進一步表示，「這款植萃旅行組是以快速、便利為出發點，將洗面、沐浴、洗髮乳同時收納，所以和我一樣經常出走戶外的人，無須再擔心會漏帶盥洗用品。」

不僅方便，植萃旅行組的成分亦大有講究，從屋頂花園洗髮露、卡爾花園洗髮露到洗卸透亮潔顏露，其此系列產品皆不含化學皂鹼、甲醛、類固醇、螢光劑、防腐劑和酒精等非天然的成分。「熱愛親近大自然的人，也會傾向於選擇使用成分天然的產品進行洗淨和保養，因此我們的內容物都是和有授予認證的保養生技廠共同研發，選用天然植物成分，並以專業的完美配比使它發揮出最大的功效。」Lu Na 提及。

開發出能夠「一價三享」的植萃旅行組，是 Lu Na 與其團隊付出甚多時間和心力，與廠商一款款試用、調整後才研製而出的成果，讓戶外旅行在便利、天然、舒適中安然而愉悅地度過，是一糰人至開創以來所秉持的品牌初心。

BODY WASH
KARL GARDEN
一個人
S HAM POO

圖：植萃旅行組以快速、便利為出發點，將洗面、沐浴、洗髮乳同時收納為特點而開發，
讓經常出走戶外的人，無須再擔心會漏帶盥洗用品

跳脫一貫視角，看見真實需求

憑藉對露營活動的深刻瞭解，最初 Lu Na 以自己與身邊人的需求為出發點，開發了令人傾心的洗沐系列產品，為一糰人 Nian^2 Group 塑造出明確而獨特的品牌定位；然而，隨著時間的推移，Lu Na 逐漸領悟到，若要讓品牌長遠經營，僅僅考慮自己的想法是遠遠不足夠的——踏上市場的大舞台後，傾聽消費者的心聲成為品牌經營不可或缺的一環。

圖：敞開胸懷、傾聽彼此，當交流成為一種自然，成長亦將開始綻放

Lu Na 分享：「他人因為站在不同的視角，而有機會看見過去我們無法體悟到的事物，例如：以前產品罐子上的貼紙字小，我個人認為這樣設計好看，但卻造成有些長輩無法看清楚上面的字樣；因此，適時地傾聽別人的聲音，對於品牌的經營和成長都會有意想不到的成果。」宛如露營活動，隨著越多人的加入，一切越是新奇有趣。走在創業的路上亦是如此，融入多元的觀點，才能夠創造出與眾不同的價值，這是「一糰人」的精神，也是他們帶給消費者最珍貴的禮物。

品牌核心價值

一糰人 Nian^2 Group 對於露營、旅遊等戶外活動抱有濃厚的熱情，並以滿足自己和其他人的需求為初衷，首先推出成分天然「一價三享」的植萃旅行組，期盼所有戶外愛好者都能擁有更加輕鬆自在的旅行，從而盡情享受生活帶來的美好。

經營者語錄

種子都有獨特的特點和價值，創業者也是如此。尊重自己的特點和價值觀，保持獨特性，找到自己的定位和優勢，才能在競爭激烈的市場中脫穎而出。

給讀者的話

堅持成長：就像小草需要陽光和水分才能茁壯成長一樣，創業者也需要不斷學習和進步。持續增進你的知識和技能，投資於自己的成長，這將是你成功的基礎。

一糰人有限公司

公司地址：高雄市大社區大社路 25 巷 13 之 1 號 1 樓

Facebook：一糰人 Nian^2 Group

心築身心診所

圖：心築，象徵有意識地探尋自己的內在世界，並重新建構起個人的身心健康

療癒及撫慰每個受傷心靈的專業守護者

繁忙的都會生活步調匆忙，令身處其中的人們宛如置身於時間機器的輪軸上，日復一日、年復一年；輪轉在如此忙碌而高壓的生活裡，直至個人的身心健康漸漸地受到了影響和危及，才發現過去的日子過得倉促，也總是忘記將注意力回歸自己。心築身心診所，透過幫助病人從覺察、面對到改變，以專業的精神科醫學知識，提供每個人合適而恰當的身心狀況評估及檢測，期盼能夠療癒、撫慰每個受傷的心靈，願每顆心都能找回自己的歸屬，再次展開那獨一無二的笑顏。

航醫官的美式診療經驗談

心築，象徵有意識地探尋自己的內在世界，並重新建構起個人的身心健康——這是心築身心診所創辦人彭柏瑞醫師，針對診所理念所提出的詮釋；而彭醫師創立心築身心診所之想法與契機，亦與他個人過去的學經歷密切相關。「自國防醫學院畢業後，我們全體下部隊兩年，而我被分發到台中清泉岡空軍基地擔任航空醫學官，負責飛行員身體狀況的監測與照護。」彭醫師從容沉著地回想著那段難忘的人生經歷。不同於台灣一般醫病之間的診療方式，彭醫師在擔任航醫官短暫的兩年歲月之中，深刻地體會到當初向美軍所學習的「美式診療」，並在此經驗中對美式診療的方式產生了理想與嚮往。

關於「美式診療」彭醫師表示，「就像是美國家庭醫生的感覺。當時，我們航醫官和戰鬥機飛行員就住在同一間宿舍裡，所以我們如同朋友一樣，一起吃飯、運動和生活起居，他們經常跟我們分享個人、家中的事情，彼此的關係非常要好，而我們也會運用專業對他們進行壓力源監測、

圖：醫護團隊以專業及友善的態度，讓患者感受到溫暖與關懷

掌握其身心狀態，並且在每位飛行員專屬的病例本上，詳細記錄他們每月的病例和健康狀況。那時我便認為，這樣的診療方式不錯又特別。」

離開部隊後，彭醫師進入三總北投分院任職精神科醫師，開始了四年緊湊而充實的醫學訓練，同此期間接受台大兒童青少年精神科短期受訓、台北榮總照會精神醫學短期受訓，考取睡眠專科醫師執照，而在往後派駐國軍新竹醫院升任主治醫師時，亦取得成癮專科醫師執照，更曾在新竹監獄進行成癮相關之醫療服務，最後回到三總北投分院擔任主治醫師和急診室主任，並於臺灣師範大學健康促進與衛生教育學系攻讀博士班。豐富的學經歷，促使彭醫師在決定離開醫院、開設一家身心診所時，擁有充足的準備迎向未來的挑戰。

社區身心門診三要素：舒適、溫馨、人性化

每件事皆有其萌芽的契機，彭柏瑞醫師創立心築身心診所亦是如此。相較於傳統醫院精神科帶給病患及家屬冰冷、有距離的氛圍，彭醫師希望透過開設診所，從細微之處進行改善，扭轉以往人們對精神科的刻板印象，而鑑於過去在台北市執行居家治療任務時，發現各個社區皆有無法前往醫院就醫的個案；因此，在住宅眾多的社區裡開設一家身心診所，以舒適、溫馨和人性化為目標，提供民眾專業的身心科門診、檢測、治療及心理諮商，成為彭醫師身為一位醫者最期盼予以實踐的心願。

「現代人普遍生活壓力大，所幸時代的變遷讓人們更能夠接受身心科的診斷和治療，正視自己身上看不見的隱患；相比年長者，年輕人較勇於覺察、表達和面對自己的身心問題，這是整體來說相對樂觀的事情。其實，只要自己覺察到壓力和情緒等相關症狀，生活亦受到影響及困擾，皆可考慮前往就診、由醫師進行專業診療。」彭醫師建議。

目前心築身心診所提供專業的身心狀態量表、居家睡眠與自律神經檢測，亦給予面臨睡眠、憂鬱、成癮、戒菸、壓力等問題之民眾適當且精準的藥物治療，並且搭配微電流刺激等先進治療儀器，透過釋放微弱電流、改變大腦腦波，舒緩和放鬆情緒狀況、提升睡眠品質，重新找回屬於自己的身心平靜。

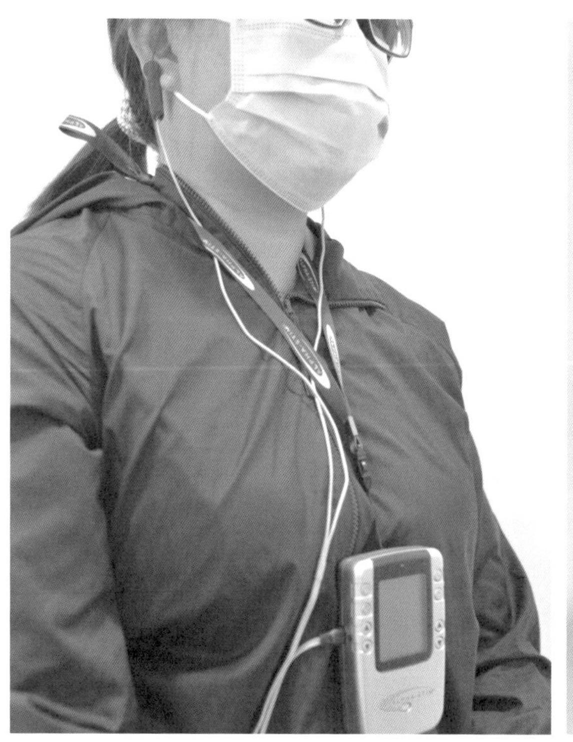

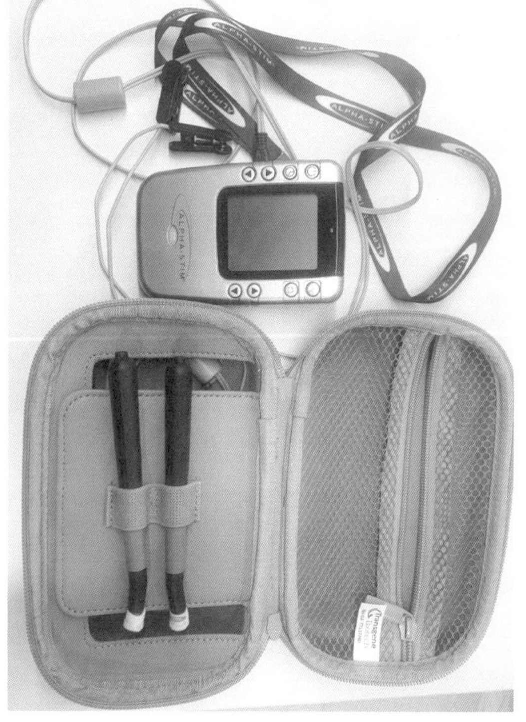

圖：心築身心診所採用微電流刺激療法（CES），促進患者大腦分泌調節情緒的內啡肽，調整情緒狀態之外，亦強化免疫系統、幫助入眠

圖：心築身心診所環境明亮而溫馨，
提供患者舒適、安心的就診體驗

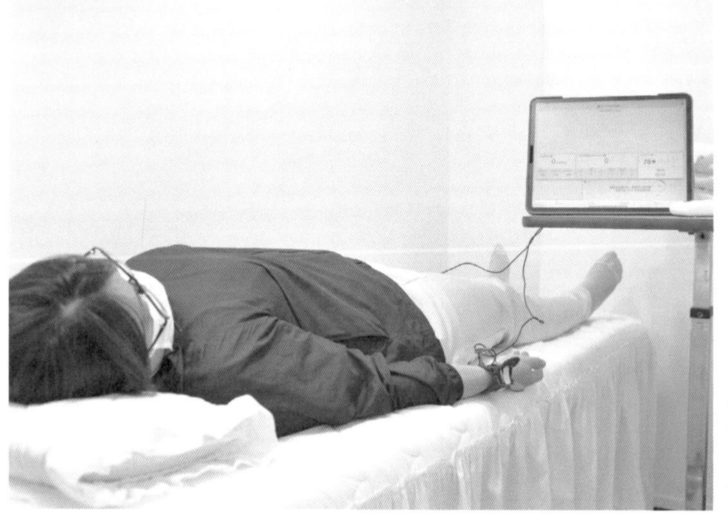

圖：透過自律神經檢測儀，醫師可為患者即時監測並評估其自律神經活動，進而了解患者的身心狀態及整體健康

以同理心與耐心，建立具信任感的醫病關係

除了上述提及的環境舒適、氛圍溫馨，彭柏瑞醫師欲強調的，還有醫病關係的「人性化」，而這也是他所說的「信任感」。他認為，醫學上有許多專有名詞，在看診過程中醫師固然專業，但面對的多是未受過專業醫學訓練的社區民眾，把繁冗複雜的專有名詞化為平易近人的解釋，正是一位身心科醫師需具備的同理心與耐心特質。

圖：彭柏瑞醫師 (右) 專業、細心與耐心兼具，深受患者信任和青睞

彭醫師提到，「專業，就是用對方聽得懂的話，去告訴他不懂的事。」以病患能聽懂的話，幫助他們自我覺察、思考前後生活差異，同時表達醫師有深入了解患者狀況的意願，進而建立起病患對醫師的信任感，這是彭醫師認為身心科門診中最為重要的溝通環節。

談到心築身心診所的未來展望，彭醫師懷抱著希望地談起日後計畫引進的項目，「我們計畫引進重覆經顱磁刺激 (rTMS)，它的應用範圍甚廣，目前是應用在較難以治療的憂鬱症上。」此外，重視年長患者的彭醫師，亦考量到獨居老人行動不便，難以前往診所接受診療，因此未來考慮成立長照機構，提供年長患者充滿關愛的居家長照服務。

品牌核心價值

心築身心診所致力於治療、撫慰每個受傷的心靈，提供專業的身心狀況評估及檢測，並給予精準的藥物治療及微電流刺激等先進治療儀器，願每顆心都能找到自己的歸屬，重新找回那份屬於自己的微笑臉龐。

經營者語錄

改變始於覺察，醫療基於互信，療癒從心開始。

給讀者的話

以病患能聽懂的話，幫助他們自我覺察、思考前後生活差異，同時表達醫師有深入了解患者狀況的意願，進而建立起病患對醫師的信任感，這是身心科門診中最為重要的溝通環節。

心築身心診所

診所地址：台北市士林區通河街 90 號

聯絡電話：02-2885-6572

官方網站：https://www.mindconstruction.com.tw

Instagram：@mindconstruction111

Facebook：心築身心診所

來唄·來杯
Give me a cup

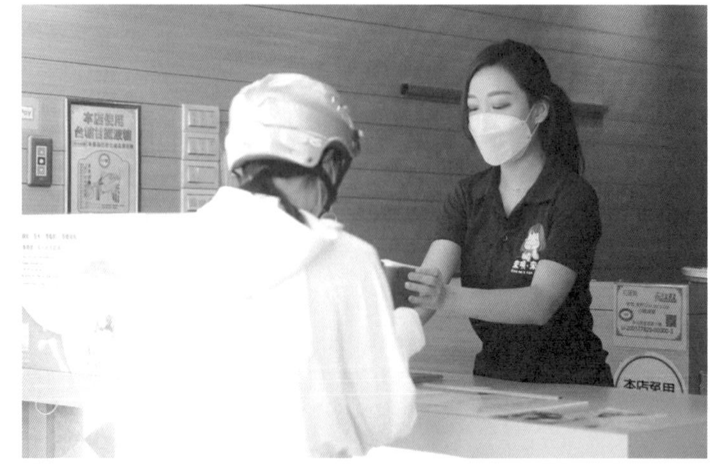

圖：主打清新無負擔的健康手搖飲「來唄·來杯」，嚴選在地食材，守護消費者健康

健康滿分，美味無敵的花蓮在地手搖飲品

厭倦了千篇一律的手搖飲料嗎？花蓮在地手搖品牌「來唄·來杯 Give me a cup」勇於跳脫傳統框架，巧妙地將「海燕窩」融入創新飲品中。這款獨特口感與富含營養的海燕窩飲品，在飲料市場掀起了一股清新無負擔的新風潮。它不僅滿足了消費者對健康飲品的渴望，更使「來唄·來杯」在花蓮手搖飲料界脫穎而出，成為一顆璀璨的明亮之星。

突破傳統，海燕窩飲品獨領風潮

用海燕窩作為創新飲品的靈感來自於一位二十五歲的花蓮女孩可絜。創業之前，她在北部從事活動公關工作，但隨著 2020 年疫情爆發，政府全面禁止大型活動，她無奈地放棄了原本的工作，回到家鄉尋找新的就業機會。

面對疫情帶來的低迷氣氛及花蓮缺乏能讓她發揮專長的工作，可絜依然保持樂觀心態，認為既然沒有合適的職缺，何不自己創造一個呢？作為一位熱愛品嚐各類手搖飲的女孩，她經常在聚會時訂購飲料與家人好友分享，但時常收到家人擔憂飲料健康問題的勸阻，這讓可絜在看似競爭激烈的飲料市場中，洞察到一個潛在機會——創造一款既健康、無咖啡因，且讓小朋友和長輩都能安心享用的飲品。

可絜表示，生長在零汙染海域的海燕窩並非是家喻戶曉的食材，它富含水溶性膳食纖維、植物性膠原蛋白和各種微量元素，可謂是一種被低估的「超級食物」，獨特凍狀口感，老幼咸宜、容易入口，加上只用桂圓紅棗熬煮，維持最自然的甜味，這讓不愛飲料甜膩感的大小朋友，或是不喝含咖啡因飲品的人有更多元的選擇。

圖：來唄·來杯的品項多元，能滿足大小朋友不同口味需求

圖：台灣在地新鮮水果融入手搖飲，每一口都能體驗到大自然的甜蜜滋味（照片來源：部落客-李小瑜）

圖：來唄·來杯相當注重食材來源與品質，精心挑選每一款原料與茶葉（照片來源：奔奔小姐愛美食）

完美呈現食材原味，用心呵護消費者健康

除了致力於打造兼顧美味與健康的飲品，可絜特別注重食材來源與品質。她曾協助一位朋友在日本開飲料店尋找原料，深知日本對食材安全的嚴格要求，因此，她創業時使用的茶葉等相關原料，都能完全通過日本厚生勞動省的規定，確保每一款飲品都安全無虞。

在飲品製作方面，可絜特別運用花東在地食材，如知名品牌「蜂之鄉百花純蜜」和「吉安南華芋頭」，不僅減少碳足跡還能進而推廣花東資源。來唄·來杯推出的「蜂蜜檸檬」嚴選屏東九如新鮮檸檬，搭配蜂之鄉百花純蜜，優質檸檬的清爽檸香、甜而不膩的香濃純蜜，深受消費者喜愛；芋泥口感香濃綿密，加上Q彈小芋圓，每一口都能喝到滿滿芋頭香的「吉安芋頭鮮奶」，則成了不少人來到花蓮遊玩時，必喝的飲品之一。

過去，可絜父親鮮少喝手搖飲品，但在了解到來唄·來杯對原料的嚴格選擇，使用台糖蔗糖和清真認證茶葉製作飲品讓他更加安心，因此他成了可絜創業路上的頭號支持者。可絜說：「現在爸爸能接受我喝飲料，也樂意將來唄·來杯推薦給朋友，這讓我非常感動。」

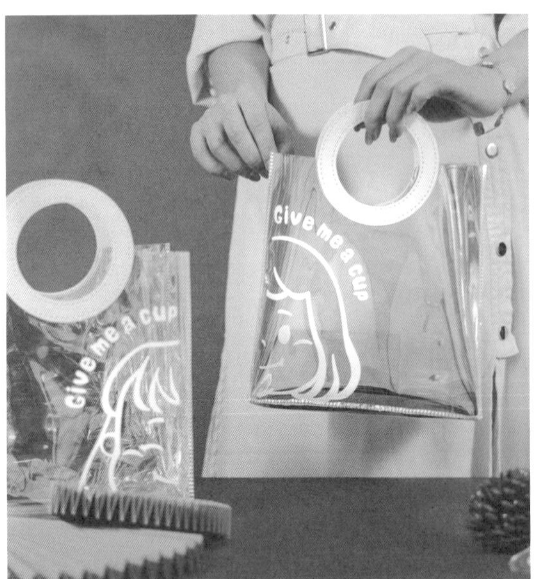

圖：週年慶期間來唄·來杯推出周邊商品，邀請顧客一起慶祝這特別的時刻

善意循環，為前線防疫人員注入正能量

疫情肆虐之時，可絜創業的決定或許看似冒險，但實際上卻是來唄·來杯奠定品牌基礎的重要契機。當時一線醫護人員承受巨大壓力，於是來唄·來杯主動分送飲料，並製作貼心小卡為醫護人員加油打氣，隨後，越來越多醫護人員因喜愛並認同來唄·來杯的理念，紛紛主動發起團購，再將飲品送至同是抗疫前線的衛生所和鄉公所，形成一個正向循環，傳遞象徵台灣的溫馨人情味。「雖然創業需要各種商業策略與思維，但我不希望過於商業化，我希望能在看似平凡的細節中，盡我之能，善待每個人，給予他們更多關懷。」可絜表示。

「大大滿足，滿滿幸福」是可絜創業時的願景之一，她期待來唄·來杯能讓每個人都更具幸福感，為此她精心設計了一個充滿活力的品牌代表角色「貝貝」，在品嚐美味飲品的同時，也能與可愛的貝貝留下合影。這個 IP 角色不僅療癒了消費者的心，更讓來唄·來杯成為遊客在花蓮旅行時不容錯過的打卡景點，來唄·來杯滿週年之際，可絜也結合貝貝的迷人魅力推出許多周邊商品。她說：「我們希望讓更多人感受到這個品牌的用心，讓品牌不只是販售飲料，而是能更平易近人、貼近人心。」

短短兩年間，來唄·來杯以美味無負擔的飲品、嚴謹的原料挑選、獨創的 IP 角色，以及貼心細緻的服務，在當地累積了許多忠實顧客，也漸漸成為遊客來花蓮時的必訪之地。雖然有許多人看好其潛力，紛紛洽詢加盟，但可絜並未急於擴大商業版圖，她期待能找到真心認同並熱愛來唄·來杯的夥伴，一同攜手推展品牌。

品牌核心價值

不一味地追求華麗外表，「真材實料」是我們的堅持。好的產品搭配完善的服務，才是品牌永續經營的關鍵！同時，我們相信「用心」是會被感受到的，在競爭激烈的飲料紅海，顧客消費的不再只是產品，更是服務。

經營者語錄

只要你走過的路，每一步都算數。過去你所經歷的，或許在未來某個時刻，將會成為很重要的籌碼，當有機會去嘗試新事物時，一定要勇敢去做。

給讀者的話

創業的壓力及考驗是不間斷的，不要害怕問題，唯有不斷解決問題，才能真正將經驗吸收成為自己的養分。

來唄·來杯 Give me a cup

店家地址：

中華總店：花蓮市中華路 40 號

太昌店：花蓮市建國路二段 416 號

東華店：壽豐鄉中正路 191 號

青年住宅店：新城鄉光復路 501-17 號

Instagram：

中華總店：@give_me_a_cup.tea

太昌店：@laibei_taichang

東華店：@laibei_donghua

Facebook：來唄·來杯 Give me a cup

A'MUiR

圖：創辦人 Auli 秉持著親自使用的嚴謹態度，研發出專為亞洲人設計的洗護髮產品

「傾心滋養」髮品界的極致之選

A'MUiR

頭髮不僅是身體極為珍貴的一部分，更是展現自我意識及生活態度的重要元素之一，因此，選用品質優良的洗護髮產品為頭髮打理，同時擁有一頭美麗而柔順的秀髮，已成為現代大眾日常中不可或缺的護理步驟以及追尋目標。來自台灣本地的洗護髮品牌 A'MUiR，堅信頭髮是每個人的第二件衣服，細心地滋養、呵護每一根毛髮，是善待自己、愛自己，亦是穿上屬於自己最優雅的打扮；創辦人 Auli 秉持著親自使用的嚴謹態度，研發出專為亞洲人設計的洗護髮系列產品，致力於幫助大眾擁有一頭質感十足的秀髮，從而打造出髮品界之優質產品與高級享受。

在美髮世家底蘊中綻放自我

有時候，人生是如此奇妙，越是想逃離，越是深受吸引，而不由自主地被生命所形塑——A'MUiR 洗護髮品牌創辦人 Auli 曾經面臨的即是這樣的人生轉折。「我們是美髮世家，從媽媽、哥哥到姐姐全部都是髮型設計師，促使我從小就對頭髮有基本的認識，但由於我本身對美髮工作沒有興趣，所以在升學階段便跟家人表明自己抗拒和他們走同一條路。」Auli 回憶道。

擺盪在自己喜愛的服裝設計專業和家人建議的護理科系之間，Auli 聽取家人建議，選擇未來收入穩定、需求量大的護理專業，未料，上學期間知曉 Auli 來自美髮世家的朋友們，紛紛向她問起沙龍級洗護髮用品相關知識，加上實習時看遍了生離死別，Auli 深知成為護理師並非自己的志向，便毅然決然將自身長期累積的美髮知識結合品牌設計興趣，成立今日大家所見的洗護髮品牌 A'MUiR。

圖：疫情前 A'MUiR 積極舉辦快閃活動並進駐百貨櫃位，目前期盼再次回歸與大家見面

Auli 表示，「變成 A'MUiR 是一個漸進的過程，建立 Instagram 帳號後，最初我在社群上分享的是家中沙龍販售的產品，慢慢地有廠商詢問聯名，直到後來在專業人士的建議下，我才決定創業，開發屬於自己的品牌產品。」

圖：1001 經典精華乳，作為品牌第一支產品，歷時一年精心研發，木質調香味、質感清爽，不分男女性與髮質，使用時吸收度絕佳，不僅能修護分岔髮質，更能養護頭髮，為秀髮帶來自信光澤

圖：Auli 努力經營品牌，凡事親力親為，一人展現十人團隊之工作成果

以真誠與用心，努力跨越隔閡

A'MUiR 的成功，旁人或許認為是幸運，但在聽聞 Auli 訴說的故事後，才會明白那是層層的努力所堆疊而起的成果。Auli 分享：「在社群上，我從未露面過，因此，要大眾在未知的網路上相信一個看不到臉的人，並且購買她販售的產品，是十分困難的一件事。」Auli 首先面對的挑戰是網路大眾的不信任感，而 Auli 必須破除的則是關於信任的那道隔閡。

「我的作法是，運用影片的形式拍攝使用產品的過程，再透過深入的文字描述，將產品的成分、使用感受以及適用於哪些髮質詳加記錄，後來大家在影片中看見了我極佳的髮質，漸漸地開始信任我，品牌的追隨者數量也開始顯著提升。」Auli 謙遜地說。除了用心經營社群和網站，Auli 也積極接觸頭皮與頭髮護理、美髮產品等相關專業課程，只願把最好的產品帶給信任 A'MUiR 的消費者。

自其專業度乍看之下，許多人以為 A'MUiR 是個有著十人以上團隊的洗護髮品牌，然而，答案著實令人吃驚，A'MUiR 團隊自始至終僅有 Auli 一人。她一人測試成分、研發新產品，往往開發一項新品就得花上大半年時間，也因此品牌成立至今五年，A'MUiR 的洗護髮產品僅有十三款。每一款，皆是 Auli 付出的心血結晶。

守護原始、自然、純粹的頂級頭髮專家

A'MUiR 堅信，頭髮是人的第二件衣服，是整體打扮中不可忽視的重要關鍵，因此，使用優良品質的洗護髮產品是善待它最好的方式；身為台灣人，Auli 對於亞洲人的髮質有著極盡深入的了解，其所研製的洗護髮產品，亦是專為台灣環境與氣候所設計，對此 Auli 提到，「破除歐美品牌才是頂級產品的品牌迷思，每位台灣人都能尋找到最適合、對自己最好的洗護髮產品。」

撐過倦怠感，夢想即在前方

一路走來，Auli 也曾感受過創業者們面臨的倦怠感，她願以自身經驗，鼓勵未來的創業者，一同朝著夢想前行。Auli 語重心長地說：「創業路上，謹記他人給予自己的鼓勵，負面意見參考即可，勿有過多著墨，做自己並且堅持下去，只要撐過倦怠感，便能看見夢想其實就在前方。」

在不遠的未來，A'MUiR 將回歸百貨櫃位，以實體的方式和大家見面，更期盼能開一家護髮、染髮專門沙龍店為大眾服務，屆時，見過 Auli 的人都會相信，台灣洗護髮品牌不輸歐美品牌，它的優質人人都能享受到。

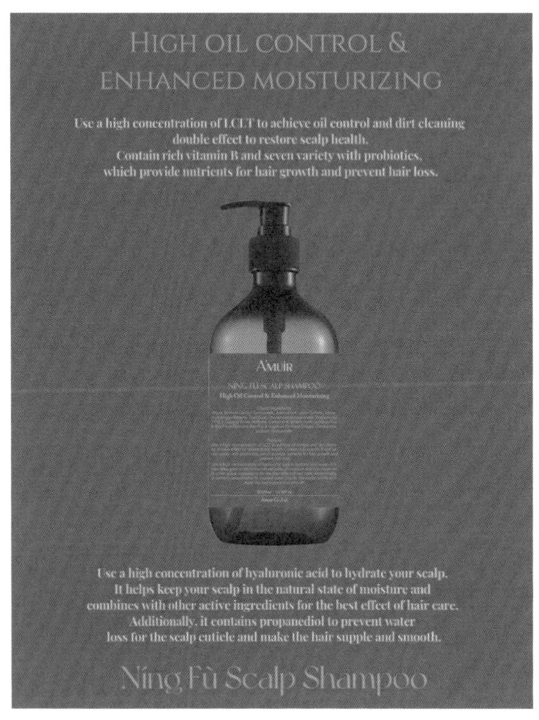

圖：寧馥頭皮洗髮精，透過餵食頭皮益生菌和維生素 B，促進頭皮正常分泌，並利用高濃度 LCLT 為頭皮進行保濕，幫助解決所有頭皮性問題

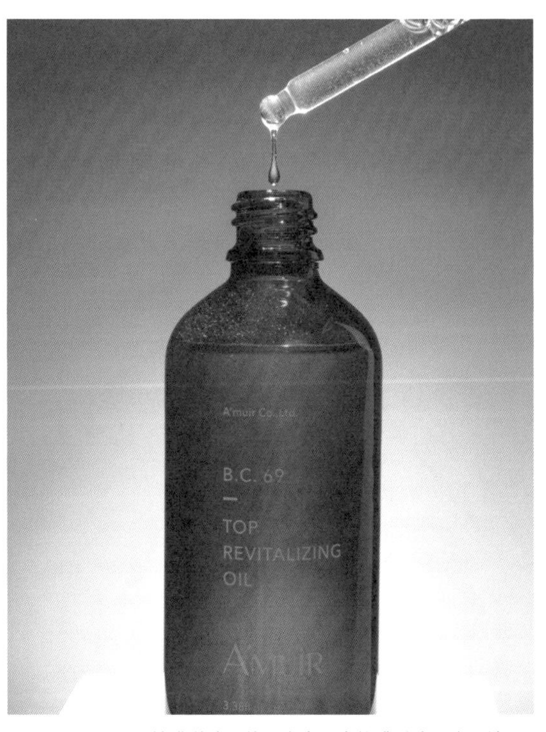

圖：BC69 頂級奢華護髮油，傳說中會發光的護髮油，適用於嚴重受損髮質，輕鬆吸收、不厚重油膩，可修護受損髮，其中所添加之亮粉精華可為頭髮所吸收，增添秀髮的柔順與光澤

圖：Auli 秉持著專業的護髮知識與親切的服務態度，讓消費者看見 A'MUiR 的好

品牌核心價值

A'MUiR 堅信頭髮是每個人的第二件衣服，細心地滋養、呵護每一根毛髮，是善待自己、愛自己，亦是穿上屬於自己的最優雅的打扮；創辦人秉持著親自使用的嚴謹態度，研發出專為亞洲人設計的洗護髮系列產品，致力於幫助大眾擁有一頭質感十足的秀髮，從而打造出髮品界之優質產品與高級享受。

給讀者的話

心中正在思考要創業的朋友，請放心去做吧，做了才會知道接下來怎麼走，如果一直在原地思考，這樣不會有所改變。雖然創業很辛苦，資金上要很謹慎，但是一切都可以慢慢來，只要願意，就可以做到。

經營者語錄

做自己喜歡的事情，才會讓自己更有魅力。

A'MUiR

官方網站：https://www.amuir.co/

Facebook：A'MUiR

Instagram：@amuir.tw

AROOM STUDIO

圖：AROOM STUDIO 創辦人黎與 Ann

引領歐美率性時尚的風格服裝品牌

遊走在都市叢林，想要成為人群裡萬眾矚目的獨特個體，服裝搭配與個人風格的展現，絕對佔據著極為重要的地位。在網路上擁有超過十五萬追蹤者的超人氣服裝電商品牌 AROOM STUDIO，以簡約而性感的歐美率性時尚，突破女性大眾所面臨的社會框架，引領一股勇敢穿出真實自我的品味風潮，讓衣著在人群中訴說一段與眾不同的風格哲學。

從社群絕緣體到網路人氣品牌

在網路上同樣擁有超高人氣的 AROOM STUDIO 共同創辦人黎，很難想像多年前的她，是完全不使用 Instagram 的「社群絕緣體」，她笑談，「以前沒有在玩社群平台，不明白其他人滑手機看 IG 這個習慣的樂趣。」

十八歲踏入實體店面擔任服裝銷售，黎表示自己對許多事情總是一分鐘熱度，唯獨對服裝產業有著難以抹滅的熱忱，憑藉著自身對時尚的著迷，在服裝產業穩步耕耘，直到二十五歲那年，她的人生開始了翻天覆地的轉變。黎說：「當時的老闆開始計劃投入網路銷售，由於平時經常拍照記錄生活，所以我被分配在拍攝服裝照片和社群經營的領域，才開始學習使用 IG，漸漸地，也在社群上累積了追蹤者，培養出潛在客群，跟當時的同事，現在則是合夥人的 Ann 討論合作創業的可能性。」對 Ann 來說，創業除了是把自己喜歡的衣服分享給大家，也是和最好的朋友一起完成夢想的機會。

於是，兩位熱愛服裝時尚的年輕女生，懷抱著「一輩子要為自己衝一次」的衝勁，展開了締造網路人氣電商品牌的夢幻旅程。以歐美率性的時尚風格橫空出世，創下開賣第一天銷售額即突破新台幣兩萬元的佳績。黎和 Ann，為自己活一次的決定，成功了。

圖：穿自己所熱衷的，穿出自己的風格，是 AROOM STUDIO 欲傳遞給顧客的穿衣哲學

身為女性，更要勇於打破既定印象

打開 AROOM STUDIO 網站，簡約率性融會的衣著風格，深深顯露出兩位創辦人的好衣品，正所謂「衣服會說話」，黎和 Ann 也透過塑造自己所喜愛的服裝風格，不斷追求突破和創新，將自我的理念與精神藉由 AROOM STUDIO 服裝品牌傳遞給全球消費者。

「AROOM STUDIO 雖然會加入少許的韓國商品，但仍是以歐美休閒風格為主，兩者都是我們私下會喜歡的風格。品牌定位一直以來都是希望品質與價位兼顧，讓消費者有高 CP 值的感受。」Ann 回答。黎則針對 AROOM STUDIO 的服裝風格，解釋道：「我們兩人身型嬌小，穿衣風格較不大眾化，但這就是我們想要呈現在品牌上的理念——身為女性，要勇敢做自己，穿出自己想要的味道，不應該受到任何的拘束，更要勇於打破社會對性別的既定印象。」

不一定要穿裙子，不一定得穿得完全女性化，只穿自己所熱衷的，並且鍾愛自己的打扮，是 AROOM STUDIO 不斷在訴說的風格哲學；不論春夏秋冬，AROOM STUDIO 在每一個季節，皆以同樣的時尚信念，展現獨一無二的自信與態度。

難熬的過程，是成長的開始

不同於其他創業者所經歷的困難與艱辛，黎坦白在創立 AROOM STUDIO 的過程中，極其幸運地沒有遇上任何挑戰或瓶頸。「剛創立品牌的時候，是人生第一次感受到什麼叫『天時地利人和』。許多人會問我，關於創業初期的挫折，而我必須誠實地說，這份事業是一路順暢的，對此我非常珍惜，也很感激。」

即使一路通行無阻，黎依然在創業的第四年迎來了人生初次的低潮，對黎來說，那是一種所有人事物的狀態都十分完美，但自己想成長卻無法繼續突破的停滯挫折。她分享：「我開始抽離，心裡總是空著一塊沒有靈魂，直到前往泰國工作，才開始找到突破口，慢慢拾回自己。這一年多，是我人生最寶貴的精華，重塑了一個更完整的自己。」那段時間，Ann 除了在一旁陪伴，也明白能幫助黎最多的，就是讓公司順利營運、堅持下去。

這段過程或許難熬，但黎沒有任何抱怨，反而感謝生命給她一個成長的機會，讓她有所體悟，保持初心的可貴。經歷過撞牆期，黎也獲益良多，並表示遇見困難不可輕易放棄，放棄即等同於永遠沒有改變的機會。如同 Ann 所言，「碰上什麼問題就解決它，因為即便有十足的把握，挑戰是會不斷出現的」。

此外，曾經被工作佔據一整天的黎，也談到生活與工作達取平衡的重要性，「我的經驗是，人必須要花時間去社交，才會浮現出更多的靈感，而且身心靈也會比較健康。」

圖：經歷過撞牆期，讓黎與 Ann 更加明白，在工作與生活之間尋得平衡的重要性

BALENCIAGA

1988

圖：身為女性，要勇敢做自己，穿出自己想要的味道，不應該受到任何的拘束，更要勇於打破社會對性別的既定印象

圖：黎認真對待生活、勇於追尋夢想，與 Ann 一同打造出理想中的 AROOM STUDIO

給自己一個改變的機會

「不踏出去，不會有改變；沒有改變，也就沒有成長，若開始創業，在環境跟狀態皆允許的情況下，不要輕易放棄，要相信一切都會越來越好的。」黎說。至於如何開始追夢，甚至成功創業，黎也給予具體的作法建議，她表示：「目前的上班族或許無法放下工作，但可以利用下班後的時間經營自媒體，或嘗試任何自己會感興趣的事物，當成果還不錯時，便可考慮全心全意地投入。」

身為一位創業成功的品牌經營者，黎談起這一路上遇見和看見的創業風景，她語重心長地說：「我真心希望，對生活不快樂、不滿意的人都應當停止自己的抱怨，與其將時間浪費在抱怨，不如把重心放在能夠對現況有所改變的事物上。給自己一個改變的機會，因為人生只有這麼一次，未來的你會感謝此時此刻勇敢做出改變的自己。」

透過創立服裝品牌的經驗，黎和 Ann 十分清楚，人生不應該畏畏縮縮，相反地，任何有夢想的人都應該放膽去完成、執行往後的每一步，把握每一次能夠恣意飛翔的機會。如同 AROOM STUDIO 不斷追尋和啟發大眾的，在多變的衣著搭配之間，漸漸成為自己也嚮往的模樣。

品牌核心價值

天賦決定上限，努力決定下限，不斷努力自我挑戰，讓你的下限成為無法超越的上限。勇氣是你儘管害怕，還是願意為自己義無反顧的前進。不論是逆境或失敗，都是讓我們變更好版本的契機，讓逆境成為啟發。時間是公平的，心用在哪裡，收穫就在哪裡。假若你不去為自己勇敢踏出冒險的第一步，你永遠不會知道自己的無限可能，踏出去，才能知道自己能夠成就哪些事物。

AROOM STUDIO

官方網站：https://www.aroom1988.com

Facebook：A_room

Instagram：@a_roombuy

amb. boutique 歐洲精品代購

圖：amb.boutique 創辦人 Amber

讓奢華逸品觸手可及

全球化時代來臨，歐洲精品品牌因其獨特魅力和卓越品質備受追捧，然而，許多消費者面對高昂價格和產品稀缺性，常常感到無所適從。年僅二十多歲的漂亮女孩 Amber，從 2017 年開始協助代購歐洲精品，憑借其多年累積的豐富代購專業和極具競爭力的價格，amb.boutique 已在網路上積累大量正面評價，著實成為精品愛好者的救星。

親飛歐洲連線代購，滿足消費者渴望

大學畢業後，熱愛旅行的 Amber 就已開始從事代購，當時她代購的商品五花八門，從面膜、化妝品、服飾到生活用品，只要顧客需要，她都有求必應，然而，她逐漸意識到由於代購商品過於繁雜，導致品牌形象模糊而無法進一步拓展業務。於是一年後，Amber 決定專攻歐洲精品，並立志成為該領域的專家。她表示：「我一直都是個熱愛旅行和購物的人，能幫助顧客買到稀有、爆款、限量的精品，讓我得到極大的成就感。」

不少品牌為維護形象、保持市場稀缺性以及維持價格穩定，會實行限制性購買政策，因此代購業者只好轉而與當地買手合作，Amber 在歐洲和美國各地也有合作的買手能協助購買，但多數時候，她仍每個月親飛歐洲採買，「當顧客知道你會親飛、親自背這個包，整個消費體驗就更截然不同，他們會更願意信任你。」此外，在歐洲連線代購具有激發衝動性消費的優點，當社群媒體粉絲看到直播中展示的商品價格明顯低於國內市場，或是看到國內買不到的新款商品時，他們更容易受到吸引、立刻下單購買；這種連線代購為消費者帶來便利和實惠，同時滿足他們對限定商品的渴望。

全配透明價格，贏得信任與好評

Amber 不僅致力於代購商品，更非常重視顧客消費體驗。在歐洲，她會即時回應顧客的各種問題，並充分了解他們的需求，讓顧客能在第一時間購得心儀之物，然而，這種使命必達的心態也讓她暴露在相當大的風險之中。曾有一次，她看到一款只剩一件的精品包，某位老顧客立即請她協助購買，儘管顧客尚未付訂金，可 Amber 擔心商品會被他人搶先購得，於是馬上下單，但這名顧客後續卻放棄購買。儘管這種棄單情形讓 Amber 備感無奈，但樂觀的她則轉念思考，她相信，自己挑選精品的眼光總能獲得許多認同，即使是「跑單」的商品，要找到下一個喜愛它的顧客也不是難事。

由於精品商品價格昂貴，買賣雙方都會關注付款方式的便利和安全性。為滿足消費者的購物需求，Amber 提供多種付款方式，包括現金匯款、線上刷卡，甚至分期付款選項，讓顧客能分擔購物開支、降低購物壓力；此外，她還推出無需信用卡的分期付款「中租無卡」來簡化購物流程，讓更多人輕鬆享受購物的樂趣。對於顧客希望獲得商品提袋或盒子的需求，許多代購業者會收取額外費用，而 Amber 則提供全配服務，這種透明的價格策略使消費者更加安心購物，並為她贏得了顧客的信任與好評。

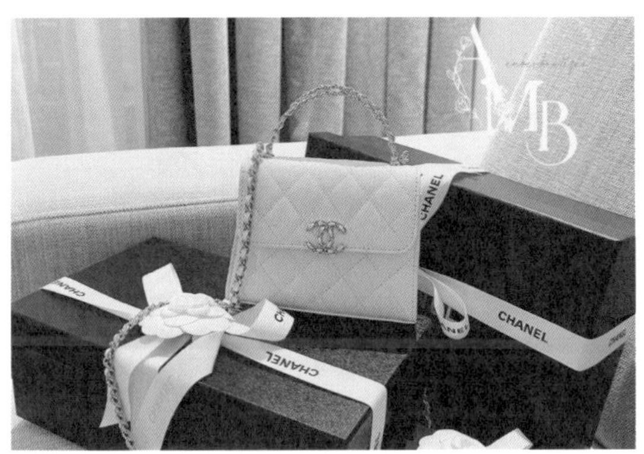

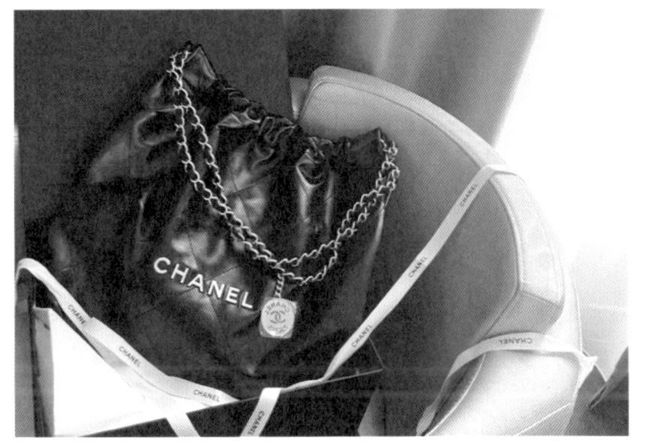

圖：Amber 的獨到眼光總是吸引許多買家，圖為其代購之精品

DIOR
CHANEL
CHANEL
CHANEL
CHANEL

CHANEL

CELINE

CELINE
CELINE
CELINE
CELINE
CELINE
CELINE
CELINE

圖：擁有精準眼光的 Amber 總能為顧客挑選到既有品味又保值的精品

調整策略，勇敢抓住疫情下的商機

從 2017 年創業至今，Amber 的專業代購服務和具競爭力的價格，讓她在網路上累積一群忠誠的粉絲，也有不少網路名人體驗過代購服務後，在網路上分享正面的消費體驗，這為她帶來更多顧客；然而，2019 年底史無前例的新冠肺炎疫情，卻打亂所有代購業者的工作計畫，「疫情爆發時，從事代購的人都苦撐了一、兩年時間，我的營收也大幅減少。但法國一解封，我和同樣從事精品代購的丈夫便一起首衝過去，因此當時的業績又大幅增長。」Amber 面對困難勇往直前的精神，讓看似難以突破的難關成功被解決。

一邊旅行，一邊購物還能獲取收入，這樣看似精彩的生活讓許多人都認為代購是個夢幻職業，然而，很多人嘗試代購卻難以堅持，Amber 認為關鍵在於缺乏恆心和明確定位。「你必須透過時間累積顧客信任度和代購經驗，不能只是毫無章法地在社群媒體發布照片，這樣只會讓你的代購形象顯得混亂，消費者也無從得知你究竟在做什麼。」她說明。

以熱情、專業和具有競爭力的價格，Amber 一次次成功滿足顧客的期待，未來，她計畫拓展事業版圖，在高雄開設精品專賣店同時販售二手精品，為顧客帶來更多元的選擇。經營二手精品市場這項策略，對於業者和消費者而言能達成雙贏局面，一方面，顧客能以較低價格購得喜愛的商品，另一方面若消費者同時販售二手精品，也能拓展營收管道。假如你也懷抱夢想，希望進入精品代購行業，卻不知從何開始，Amber 非常歡迎你與她聯繫；她樂於與更多人分享對精品的熱情，以及在這個領域積累的專業知識與經驗。

LOUIS VUITTON
LOUIS VUITTON
LOUIS VUITTON

VUITTON

圖：由於 Amber 丈夫精通男性精品、球鞋和服飾，因此現在的代購品項也增加男性相關商品

給讀者的話

成為專業的精品代購，最大的關鍵在於是否擁有熱情和決心。熱情驅使你全心投入，了解時尚趨勢、品牌歷史、設計理念和製作工藝；決心能讓你在面臨挑戰時不輕言放棄。

品牌核心價值

致力於實現顧客心中夢想，為他們帶來獨特且珍貴的精品，同時竭誠滿足各種消費需求，展現代購的專業與熱忱。

經營者語錄

堅定追求創業目標，只要熱愛精品並持之以恆投入其中，努力必定會帶來收穫。

amb.boutique 歐洲精品代購

Instagram：@amb.boutique

產品服務：歐洲各大精品品牌代購服務

三喵整復所

圖：三喵整復運用物理治療等醫學知識，為客人進行各項整復服務

一間有貓的整復中心

繁華的現代社會，人們奔波勞碌的景象成了都市風景裡極其普遍的一隅，人人都在家庭、工作和社交生活中承擔著巨大的壓力，長時間的工作和通勤促使人們坐姿不良、缺乏運動、肌肉緊張，亦在日子默默推移前行時，造成了生理的疲憊與心理的焦慮。為此，提供身體部位進行放鬆和調整的整復中心，便在全台街坊間如雨後春筍般築起林立。位在台北市的三喵整復所，即是一間藏身在都市叢林中、鄰近眾多醫療院所的整復中心，在可愛貓咪的環繞和陪伴之下，顧客們得以在整復師進行筋膜放鬆、調整與管理之際，輕鬆地享受到一份工作閒暇之餘難得的安然愜意。

結合中醫整復臨床與美式整脊的許亦祺所長

早期勞工時期的人們如有身體不適，均是前往中藥行抓藥或處理各種筋骨問題，許亦祺所長的童年時期便是浸潤在這樣的環境中長大。17 歲的青少年時期，許師父開始在姑姑的中醫診所服務，每月服務的案例平均落在 1500 名左右，二十多年來由於接觸的個案眾多而累積了專業的整復經驗。

隨著 3C 文明的漸進，許師父有感於服務的個案中發現工作型態之轉變，人體承受的疲勞型態也與早期有所不同，需要更充足的醫療知識和保健養生概念作為基礎，許師父因此學習了美式整復；有著中式醫學的手法和美式整復的概念，形成了許師父不可取代的特色之一。此外，基於 3C 文明的普及，許師父在調理的過程中也發現個案的年齡層有所下滑，現代人手機不離身，許多兒童的體態也在不知不覺中有著富貴包和骨架側彎等狀況，兒童體態調整更隨之成為許多家長殷切關心的話題之一。

為此，許師父創立了三喵整復所。於人車嘈雜的台北市區，三喵整復所最令人嚮往的特點之一，即是位在熱鬧都會區之中的幽靜巷弄，許多咖啡館、餐酒館和藝術空間皆藏身其中；坐落在士林區中山北路五段 461 巷裡，三喵整復所的故事就藏匿在其簡約而樸素的外觀裡面，等待所有飽受疲勞、酸痛之苦的「都會人」前來發掘三喵整復所，一間有貓的整復中心。

「創業開第一家整復所時，家裡剛好養了三隻貓，牠們很喜歡親近人，也會跳到人身上踩踏按摩，畫面蠻有趣的，因此就將整復所取名為『三喵』。」三喵整復所所長許亦祺緩緩談道整復所名稱的由來，目前則尚有兩名「貓師傅」上班中，吸引了不少顧客慕名而來。

開創一間整復所並且用心經營，一切皆不容易，許師父回首創業以前，表示過去累積了足足二十年的功夫與資歷，「19 歲出師至近年創業之間，出身自結合國術的傳統中藥行，我在中醫診所和國術館體系中擔任整復師大約二十年的時間，主要針對短期的扭傷和『媽媽手』做舒緩處理；但是，隨著現代人使用 3C 產品的時間逐漸加長，使用智慧型手機已有十年之久，不論是大人或小孩都開始出現脊椎側彎的狀況，全身筋膜容易緊繃沾黏；因此，我希望透過創業跟教學，以長期的方式為目標幫助人們調整骨架，舒緩和改善身體部位的不適。」

不同於按摩師，作為除了醫療人員之外，最了解人體肌肉、骨骼結構的專業整復師，許師父宛如一位「整復推手」，運用所學之物理治療等醫學知識，為客人進行各項整復服務，並且將奧妙的整復知識化為簡白的言語分享給客人，透過多年資歷進行整復師的培訓及傳承，更是沉穩而有力地將整復概念推廣至大眾的生活日常。

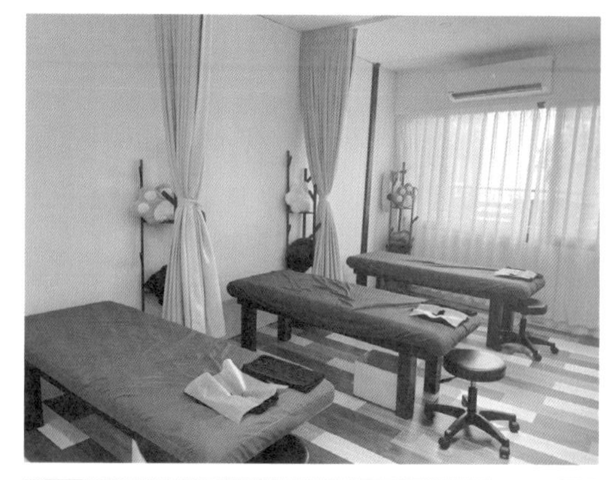

圖：三喵整復所環境整潔幽靜，目前有兩隻可愛的貓咪陪伴顧客

為不同族群量身打造的貼心整復服務

來到三喵整復所的顧客，對其第一印象是簡潔和舒適，也不時被整復所裡的貓咪所療癒，作為一個舒緩身心的整復空間，三喵整復所配有齊全的設備及多位功夫深厚的整復師，針對不同年齡層、職業和族群，給予量身打造般的貼心整復流程。

「在進行整復項目以前，為了避免因任何個人體質因素，例如：骨質疏鬆、骨骼密度低、骨架受傷等情況所造成的潛在傷害，我們在操作前會先行詢問客人的體質，是否有高血壓、頭痛及特殊狀況，經一系列的專業評估後，我們才會接續進行。三喵整復所提供的服務項目主要有：筋膜放鬆、體態調整、產後調理、骨架管理和兒童體態調整，其中，兒童體態調整是目前大多數整復所較少有的服務項目。」許師父細心地說明。

由於現代人普遍人手一機，家中兒童亦開始出現使用 3C 產品的習慣，再加上運動量少，脊椎側彎現象頻繁，因此三喵整復所新增了針對兒童體態調整的規劃，也貼心地叮嚀小朋友回家後所需注意的相關事項。

從處理淺層筋膜到深度的整復，三喵整復所秉持著對客人負責的信念；並在處理整復的過程中，許師父透過對談及相處來了解客人的生活與工作型態，從而給予他們專業的建議。此外，為使整復技術得以更具規模地推廣並傳承，以造福廣大的社會群眾，並照顧大家的身體和心靈健康，三喵整復所亦開辦初階整復師培訓課程。透過許師傅每週平均 30 個案例與二十年整復經歷，帶領參加培訓的學員探究身體的筋膜點與線、判斷骨骼偏移或歪斜，同時學會使用更精準而省力的方式達到解決通點之手法，並且培養第二專長、發展斜槓人生。這是許師父的創業初心，他更表示，將整復技術融入人們的日常生活，是三喵整復所不變的經營目標。

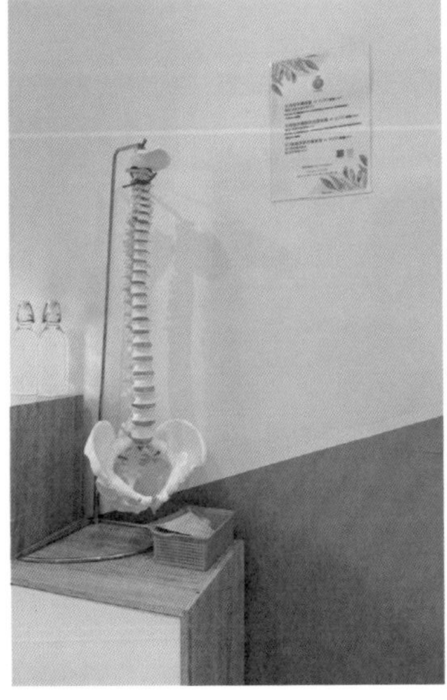

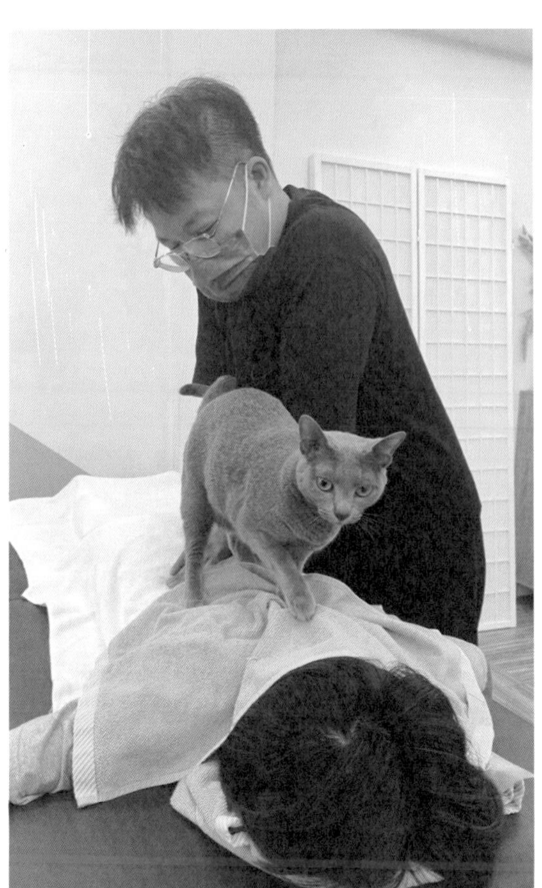

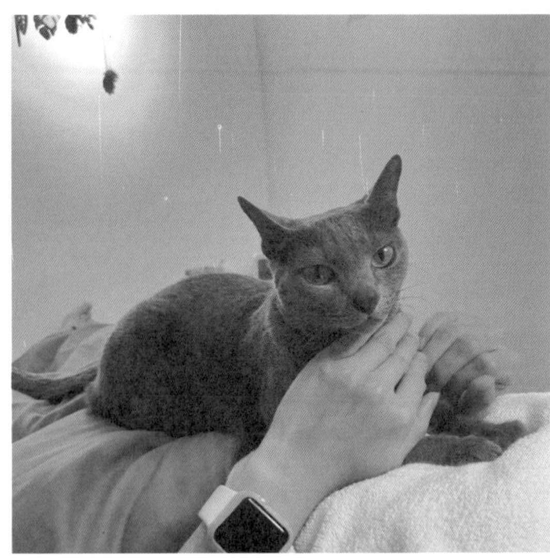

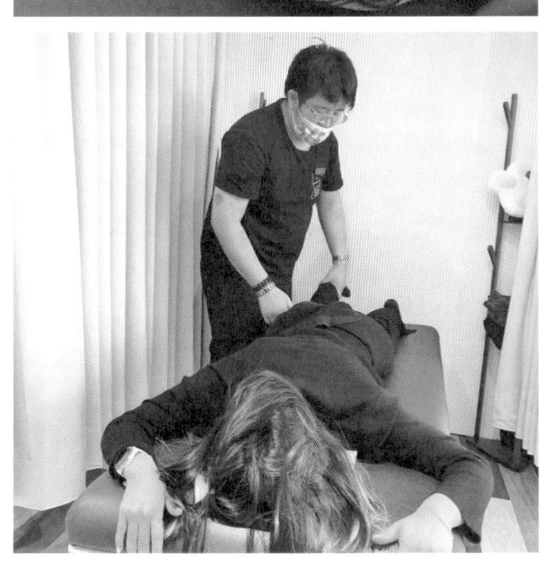

圖：三喵整復所服務項目多元而扎實，每位整復師皆以最真摯的用心為顧客服務

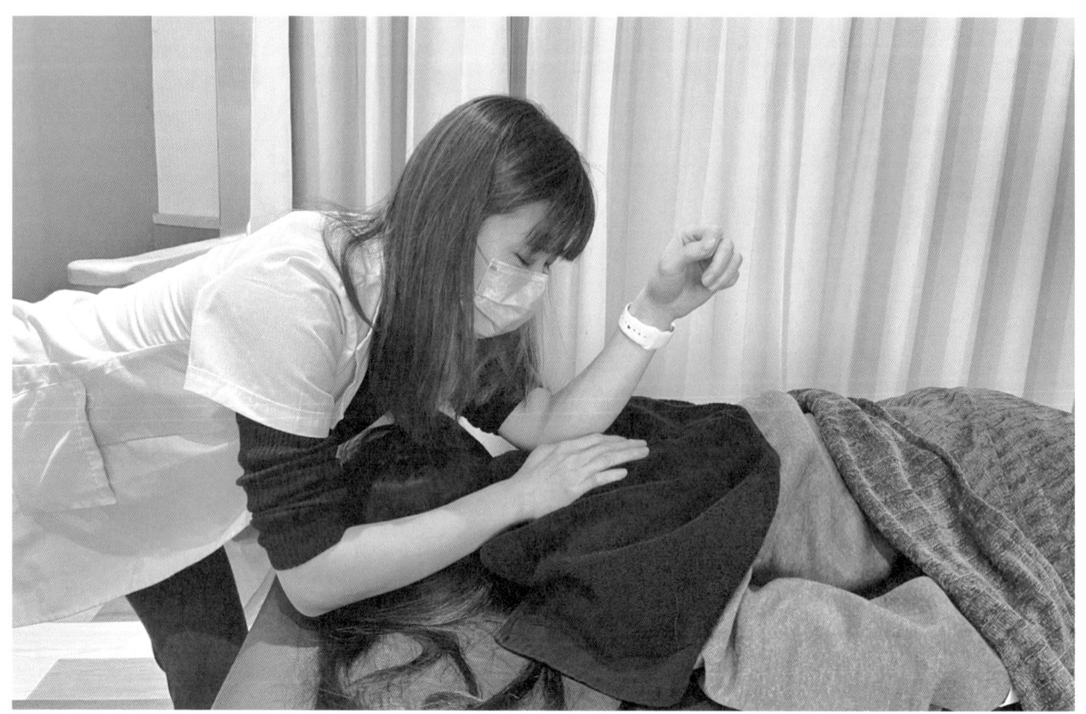

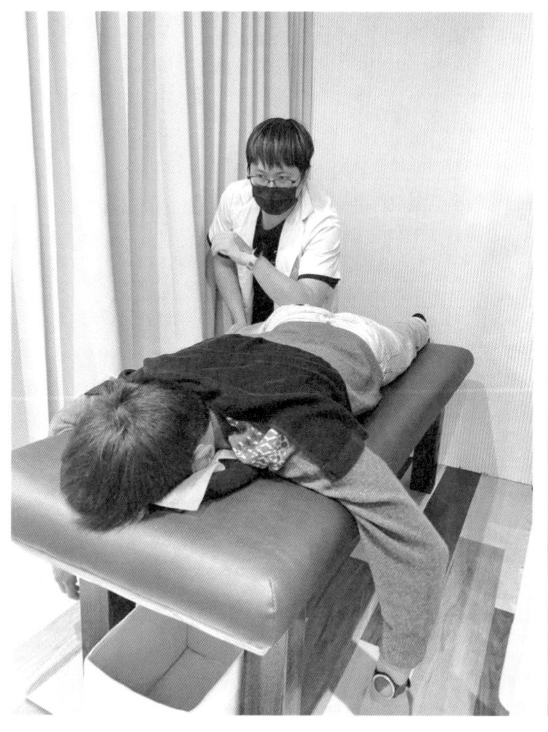

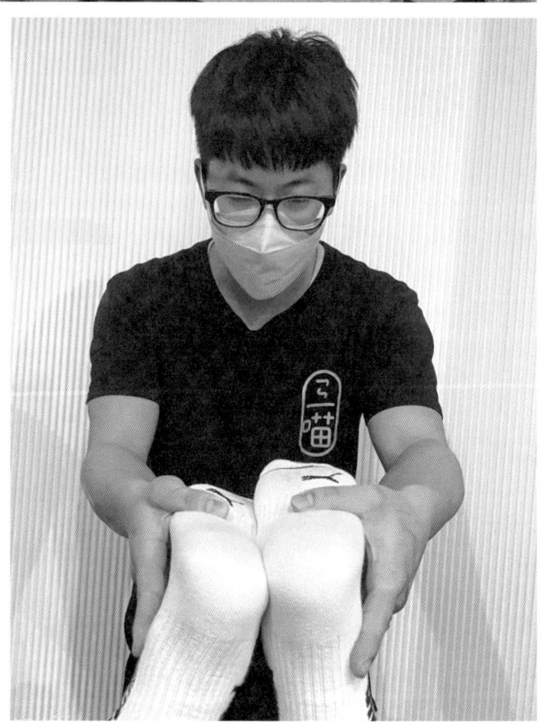

圖：針對不同年齡層、職業和族群，給予量身打造般的貼心整復流程

支撐醫療人員背後的那雙手

目前除了士林館、天母館，許師傅表示，未來也將在芝山和明德一帶增設分館，之所以會選擇聚焦於台北市的北端，亦是有其特殊的考量。「這一帶的醫療院所比較多，有新光、榮總、振興、陽明等多家醫院，許多醫療工作人員都是我們的客人，他們進行開刀的時間長且經常處於高壓的狀態，非常辛苦，因此我們也希望能夠聚焦於這一帶，在服務醫療人員的同時，回饋予社會。」

欲成為支撐醫療人員背後的「那雙手」，一點也不簡單。談及整復所的經營之道，許師父認為，經營整復所和一般店家完全不同，整復工作是一份良心事業，必須真誠地從客人的角度為出發點，由衷地希望能夠為客人的身體部位進行調整和改善，這是經營整復所最重要的價值理念。如同許師父所說：「身為整復師，勢必要認真去了解客人的不適之處，詢問他的生活型態、職業、工作習慣和睡眠時間長短等，並從中以自己的知識和技術幫助他改善，創造出高品質的生活。」

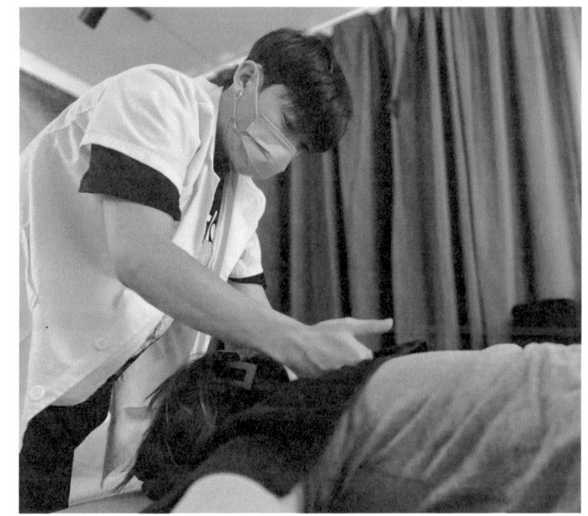

圖：三喵整復所以貼心與關懷，療癒忙碌生活的疲累身心

品牌核心價值

想療痛每一個相識，也信任我們的人。

三喵整復所

整復所地址：台北市士林區中山北路五段 461 巷 27 號

聯絡電話：0955-400-338

Facebook：三喵整復所

Instagram：@three_meow2021

An Studio 客製化手工禮品工作室

圖：An Studio 堅持使用天然食材，避免添加人工奶油和化學添加劑

客製化甜點禮盒，以愛傳遞幸福

甜點是愛的語言，以它們來表情達意，是將甜蜜與幸福傳遞給他人的最好方式；然而，每個人都有其獨特故事以及想傳遞的訊息，唯有透過獨一無二的甜點，才能真正傳達心意。位於高雄的「An Studio 客製化手工禮品工作室」，深刻理解這一點，品牌主理人 Anna 擁有精湛的烘焙技藝和創意，善於將顧客心中的想法轉化為特色甜點；無論是客製化的糖霜餅乾還是造型戚風蛋糕，都讓打開禮盒的人無比感動。

量身打造令人怦然心動的甜點體驗

Anna 從小就對手工創作情有獨鍾，無論是繪畫、編織還是印章刻製，通通難不倒她。其創作天賦在一次偶然的糖霜餅乾課程找到出口，糖霜工藝是一個源於英國的砂糖工藝，創作者能將糖霜融合繽紛色彩並繪製於餅乾上，在課堂中 Anna 迅速掌握技巧，並引發她對甜點製作的興趣。

2017 年，她嘗試將作品在網路上販售，吸引一群期待擁有客製化甜點的顧客，他們迅速成為 An Studio 的忠實粉絲，也讓 Anna 在網路市場站穩腳步。Anna 回憶起，過去曾有一對新人，未婚夫是加拿大人，新娘希望在婚禮贈送賓客具有個人特色的禮盒，因此便請 Anna 協助設計。由於新人過去經常在海邊約會，Anna 便為他們設計一款融合海邊元素並包含象徵加拿大的楓葉餅乾禮盒。

Anna 說：「只要顧客告訴我他們想要的主題、角色或元素，無論是糖霜餅乾或戚風蛋糕，

圖：Anna 製作的糖霜餅乾宛如藝術品精緻，令人驚喜不斷

我都能製作。」擅長聆聽的她，總能細膩觀察顧客的喜好與風格，並快速理解他們的期待。Anna 舉例，糖霜餅乾有很多風格表現的方式，如文青風、可愛風或簡約風，顧客只需要提供照片作為參考，她也會同時觀察顧客頭貼風格或對話氛圍，揣摩出他們的期望，再為其量身打造甜點。

或許是因為從小就熱愛手作與設計，Anna 對作品的標準要求相當高；即使身為創業者，她並不特別關注成本控制，而是希望每個作品能成為顧客最完美的記憶。這種用心和細緻的創作風格讓不少顧客拿到成品時都相當感動。

happy
birthday

圖：An Studio 堅持使用新鮮、高品質食材，為顧客提供兼顧美味與健康的客製化甜點

兼顧環保與健康，打造驚喜的視覺饗宴

不少人會訂製 An Studio 的禮盒作為喜餅，Anna 堅持使用天然食材，避免添加人工奶油和化學添加劑，這也成了許多新手父母將其選為彌月或收涎派對禮盒的重要原因之一。Anna 表示：「在食材的選擇上，我非常謹慎，像是製作戚風蛋糕的原料就相當單純；不用劣質的油品，而是選擇品質優良的玄米油，希望大人小孩都能安心享用。」

An Studio 的糖霜餅乾口味豐富、色彩繽紛，包括鳳梨夾心奶油餅、紅麴奶油餅、檸檬沙布列、小花曲奇、芝麻奶油條和杏仁羅蜜亞等等。Anna 說：「餅乾禮盒的擺設和顏色，決定顧客打開的那一剎那是否會滿意，因此與顧客溝通時，我會特別根據他們的喜好給予建議。」她舉例，過去曾有一位顧客獨鍾巧克力，但若所有餅乾都是巧克力口味，那麼整體視覺就會顯得單一且沉悶。除了注重視覺驚喜，Anna 還提供多款全素選擇，如椰香雪球餅乾和掛霜核桃，適合純素飲食的消費者。

在競爭激烈的烘培產業中，越來越多店家不只重視產品，更希望能與顧客建立深刻的連結；An Studio 也不例外，當顧客購買一定數量的糖霜餅乾禮盒時，Anna 會貼心提供似顏繪人像小卡作為贈品，讓顧客能感受到她的重視和關懷。

圖：坐落於澄清湖湖畔的 An Studio，自開幕以來即吸引全台的甜點愛好者在此度過難得的悠閒午後

為了保護環境，Anna 也花了不少心思在減塑上，她使用鐵盒和風呂敷包巾替代傳統的塑膠袋與紙盒，同時讓顧客挑選布巾款式，為禮盒增添個人風格。然而不少長輩顧客卻無法認同這種作法，他們認為禮盒以鐵盒和包巾做包裝顯得不夠氣派，Anna 解釋道：「提供鐵盒和包巾是為了讓顧客有一個環保減塑的選擇，但同時我也尊重每個人的喜好，最終還是會根據他們的需求調整包材。」

創業以來，Anna 致力於服務有客製化需求的顧客、較為忽略個人創作。她坦言自己傾向依賴他人給予的想法，但未來她也期待能一一盤點現有的品項，並根據季節或節慶，定期推出甜點創作，讓更多顧客看見 An Studio 的甜點魅力。

回首近七年的創業路，Anna 自認為不算是會賺錢的創業者，她往往為了做出自己與顧客都喜歡的甜點，而較少計算成本和節省開支，但這樣的「佛系」經營法，卻讓 An Studio 累積不少忠誠的顧客。Anna 認為自己相當幸運，除了能在她最喜愛的手作上盡情發揮，還在創業各階段獲得不少貴人的協助。

2023 年對於 Anna 而言是個轉捩點，今年她獲得澄清湖湖畔餐廳「得月樓」邀請，開設甜點部門，這讓她有機會能從線上到線下與顧客互動。Anna 表示，「得月樓的餐點屬於中西複合式，吃得到傳統桌菜也有西式套餐，此次接受得月樓邀請，也是希望透過 An Studio，為這間餐廳帶來不同以往的活力與年輕的客群。」

甜點可謂是一種魔法，能帶給人們片刻的喜悅。無論是慶祝生日、紀念重要時刻，或想為派對帶來獨特驚喜，An Studio 的客製化甜點都致力於運用這項魔法，讓顧客的特別時刻變得更加難忘。

給讀者的話

如果你對上班生活感到厭倦，同時懷抱創業的熱情，只要現階段還能維持生活，應該放手一試，藉由創業給自己一個微小希望。

品牌核心價值

手作的溫度，只為一抹會心微笑。

經營者語錄

創業即便不容易，那股熱血、熱忱會帶著你勇敢前進。

An Studio 客製化手工禮品工作室

Facebook：An Studio 客製化手工禮品工作室

Instagram：@anstudio.tw

店家地址：台灣高雄市鳥松區大埤路 32 號 澄清湖得月樓

產品服務：風呂敷餅乾禮盒、節慶糖霜餅乾、造型戚風蛋糕、鮮奶油蛋糕、外燴甜點桌設計、甜品課程教學

空書道 靈性能量字畫

圖：在虔敬的祝想下，引筆奮力，將上天的祝福和能量，傳遞給需要的人

書藝之外，祝願的凝鑄——

以漢字為載體，「書法」在悠久的歷史文化基礎上，揉合儒、釋、道等各種傳統哲學，成為最能象徵中華文化的藝術形式。古有曰：「書畫同源」、「筆走龍蛇」。好的書法一如畫作，妙筆生花下，可動人心魄。但對於莊老師來說，書法的意義並不僅止揮灑，更是一道牽起祝福與連結心靈的紐帶——在虔敬的祝想下，引筆奮力，將上天的祝福和能量，傳遞給需要的人。

緣結濟公，乘載起祝願的客製化禮品

在 2021 年春節，喜慶的日子裡是互贈新意的好時機。莊老師決定為親友摯交送上特別的年節禮品——親自寫就的字畫；輔以精心挑選的祝賀詞語。在蒼勁豪放的筆畫下，是細緻的心意鑄就。收禮者們在收到這樣別具意義的贈禮後，除了心下熨帖，也開始口耳相傳；無心插柳間，莊老師開始步上了為有需求的民眾客製字畫的路途。

「筆性墨情，皆以其人之性情為本。」清代 · 劉熙載於《藝概》間這麼寫道。故可以知，於書畫間寄心力揮灑且持續不斷，其實是極耗心神的事情；且隨著正職工作愈加繁忙，時間與心力難以維繼下，他開始琢磨或許是時候暫停這項服務了。

然而，在某一日的靜坐冥想間，原先便有著虔誠「濟公信仰」的莊老師，腦海裡陡然涌現來自主神的諭示。於靜默裡，或可說是一種玄妙的感知體驗，濟公對他說道：「書畫間可以蘊神，用筆在心；心神毗連，可以助人。」即濟公將藉由書法協助更多的人，而莊老師則是在祂的旨意下的承筆者。

起初，莊老師並不瞭解「書法」究竟該如何成為一項助人的工具。但在濟公的逐步開示下已然領會要領。於落筆前，除有先行的祝禱儀式加持外；在揮毫間，更需潛心冥感，運跡於神——

於字畫筆法的大氣勾勒中，寫就的是祝語；但背後，卻是一份誠心的傳達與濟公殷切的指點。

莊老師信奉的濟公是「乘龍濟公」，一如媽祖也有不同的司掌，「乘龍濟公」主財運和事業。在莊老師開始承奉濟公旨意之前，收受到的訂單委託原已幾乎遍及各行各業；但在承繼之後，開始主以企業老闆、房屋、汽車、保險銷售業務與微商、直銷和電商行業的客戶為大宗。

或許是「吸引力法則」的緣故，在邊將字畫完成的過程中，委託客戶會向他分享到當下遭遇的人生困境和迷惘；而莊老師亦會將祝禱後得到的旨示，提供借鑑省思。而將字畫送到委託客戶手中，在時常的觀看與潛移默化下，一段時間之後，有極大部分的委託者都回流向他反饋，在將字畫放置於客廳和辦公場所後，事業都逐步取得突破性的進展，營業額與成交量也都顯著提升了。

或許其中的確有濟公的助佑在背後推動，但莊老師也說道：「『相信』與『信念』才是最重要的事情。成功的背後，是源於持續的信念；當你常望見某物（字畫），心境接收淘染，最後成就某事，也即是一段『因果』。而濟公在此的作用，不過是小小的推你一把罷了。」

「但這已就是我持續揮筆的目的了。」莊老師溫和的笑說，「一個契機。或許就能轉化一個人的人生——那，我希望能在濟公的相伴下，去做這份正緣。」

但此外，老師在分享的當下也表明，雖然他樂於也期望襄助更多的人取得事業和財富上的成功，打破生活瓶頸；可其中一個重要原則，也即濟公下達的明確指示：是不可協助任何非法或遊走於法律邊緣的行業請託，除非這有助於他們回歸正途。故他在接受委託前皆會請顧客提供工作背景和需求，在瞭解並評估後，進行請示。有濟公的首肯才會開始客製。

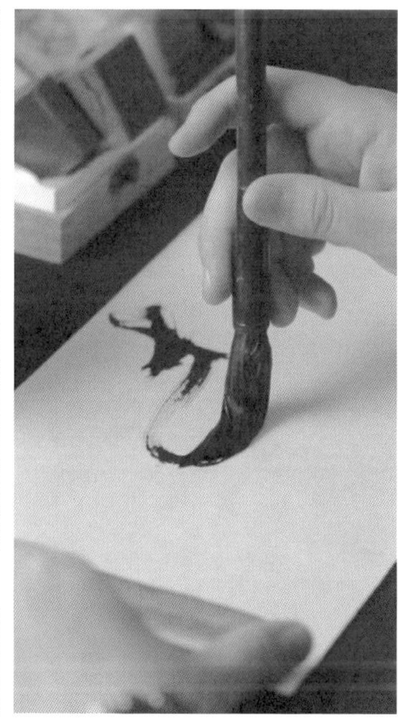

圖：埋下一顆信念的種子，那有一日我們便能期待他們轉好，甚至綻放

上排及中圖：蒼勁豪放的字畫蘊含無限祝福
下排圖：超脫實體空間，能量手機桌布讓祝力無所不在

圖：一個契機，或許就能轉化一個人的人生。莊老師希望能在濟公的相伴下，去做這份正緣

能量手機桌布，讓祝福無所不在

在元代 · 盛熙明著的《法書考》裡，有一段落寫道：「翰墨之妙，通於神明。」即指書法的奧妙，是可與心神相接。「字畫」擺置於客廳或辦公室裡，時時照鑑，能凝注能量與營造氣場。但有沒有一種更貼近的方式，是能將正向的影響常伴左右呢？

在 2022 年底時，莊老師再度從「乘龍濟公」處獲得新的啟示，更加的，與時俱進——將字畫轉化為桌布，使「祝力」能超脫實體空間之外，隨著人們移動，到達任何地方。

除夕當日，莊老師旗下的「空 書道」品牌 IG，陸續發布了「轉運」、「發財」等吉祥字樣的手機桌布，提供給人們免費領取。更簡約、也直觀，在春節財運強滚的日子裡，很快引爆好評與諸多反饋。

在品牌營運的兩年下來，被乘龍濟公與莊老師惠及影響的顧客，時常表示想添香油錢感謝濟公的協助。但為善不期獲報，是濟公也是莊老師的準則，即不接受任何形式的香油錢。但很鼓勵顧客將想要回饋的心意，捐贈給值得信任的慈善團體或公益機構。

「當一粒麥子不落在地裡，仍舊是一粒；但若是埋進土裡，就能結出許多子粒來。」在西方的《聖經》福音裡有這段名言。雖然是與濟公信仰如此不同的神祇，但對「善念延續」的期許，實是異曲同工。

「延續這份良善的因果，幫助更多需要的人；無論以金錢、各種資源，甚至能量， 在貧乏處埋下一顆種子，那有一日我們便能期待他們轉好，甚至——綻放。」莊老師在採訪後，於滿室潑墨般鳴放的字畫間，沉靜地闔十。如此，採訪也到了尾聲。

經營者語錄

「信仰」與「信念」，是迎向正面與打破瓶頸的「因」以及「果」。拒絕搖擺不定， 並肯定自己，你會發現事業與人生都將漸入佳境。

給讀者的話

相信和堅持這件事，很重要。

品牌核心價值

期盼以各種形式，傳遞蘊含濟公旨意的祝福，落實並惠及更多人。

空 書道｜靈性能量字畫

Instagram：@55555art__

產品服務：靈性能量字畫 / 能量手機桌布

陳定宥與 Best Care

圖：身體保養從基本做起，透過最純粹、好吸收、不添加的好產品，好好愛護自己和所愛之人，是陳定宥堅持的經營理念

BEST CARE

精彩人生醞釀而出的純粹無添加膠原蛋白

回首過往，會想起什麼樣的人生故事？不論這些故事是歡樂還是悲傷，故事裡的人是否與己同行至最後，它們都是人生旅程中精彩的一道風景，是滋長個人心靈、激發前進動力的養分。陳定宥，曾經以自己的好歌聲，陪伴螢幕另一端觀眾的 17 直播主「逼西」，在唱完一首首療癒的歌曲，與有緣人細數度過無數個喜悅和悲傷的夜晚後，此刻則要將過往藏身在他背後的那些故事一一訴說，並將自家保健食品品牌 Best Care 帶到人們的眼前，期許能與喜愛品牌的消費者，走向一個更健康、純粹，懂得呵護自己、珍愛他人的美好未來。

所有的顛簸，終將通往精彩未來

「想要讓自己壯大起來，就需要吸收更多養分，才能成為強大的臂膀。」這是曾經的 17 直播主「逼西」，Best Care 品牌創辦人陳定宥，在自家官方網站上所寫下的一段話，其所象徵的不僅是 Best Care 想傳遞給消費者的價值與理念，也是陳定宥自己走在人生旅程中的感觸和體悟。

如果要一個人回憶過去，訴說自己的故事，有些人隻言片語即可輕快帶出過往的經歷，但是陳定宥的故事，即便幾天幾夜都無法完整將其訴說，畢竟他的過去和現在，在人群中既顯眼卻又充滿了顛簸。他說，「每個人口中所說，不要在乎人的眼光、人家嘴巴論說，有誰能夠真正的做到。」

圖：Best Care 嚴格的把關品質與成分，希望透過產品，讓每個人都能享受到更好的生活

大學時期的陳定宥，開始在電腦版的 RC 語音中擔任直播主，由於喜愛唱歌，便開始在直播中演出、與觀眾互動，後來也因機緣而進入了更大的直播圈；經營直播頻道期間，他亦離開家鄉，與同伴合夥投資通訊行，無奈最後在經營理念和種種因素不合之下，收拾了此次失敗的創業，並陸續投入了客服業及電信業。

在擁有一份正職工作的同時，滿懷抱負的他，也開始思考自己創業的可能性，不畏從前遭遇的失敗，這次他創立了 Best Care，一個目前以膠原蛋白為主打商品的保健食品品牌，希望將健康、純粹的理念傳遞給大眾，呵護自己的同時，亦珍愛身邊的人。

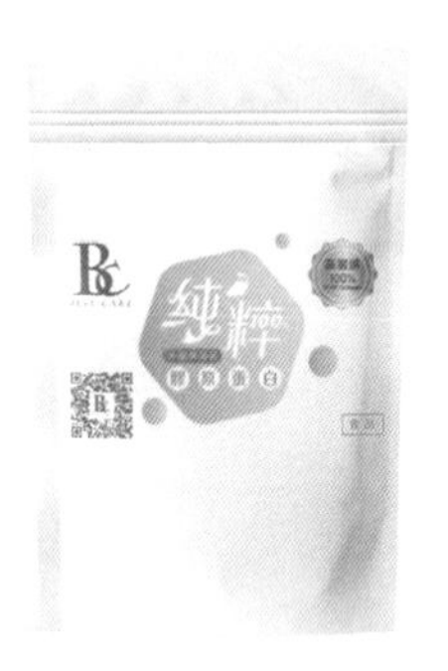

圖：日本 NIPPI 100% 純魚萃取的 Best Care 膠原蛋白粉，左上圖為 100% 純魚膠原蛋白粉，右上圖為純粹櫻桃風味膠原蛋白，下排圖由左至右分別為：純粹水蜜桃風味膠原蛋白、純粹檸檬風味膠原蛋白和純粹蔓越莓風味膠原蛋白

無添加的純粹風味

根據醫學研究指出，膠原蛋白是人體中最豐富的蛋白質，它是組成皮膚、肌肉、關節、牙齒骨骼和眼睛的主要成分之一；隨著環境污染和年齡增長等因素，人體中的膠原蛋白含量將逐年減少，因此，如何補充好的膠原蛋白，幫助維持身體健康和皮膚美容，已成為現代人的重要課題。

Best Care 100% 純魚膠原蛋白粉，選用日本 NIPPI 100% 純魚萃取，作為世界第一家透過水解技術發現膠原蛋白的公司，其魚鱗膠原蛋白擁有極致的品質，不添加任何人工色素、香料和防腐劑等有害物質，分子含量更介於 3000~5000 道爾頓，水溶性高、無異味且易吸收，適量加入冷飲或熱食，即可輕鬆為各年齡層於日常中進行保養與補充。

目前上架於官方網站的產品，除了不同包裝組的 100% 純魚膠原蛋白粉，亦有櫻花、水蜜桃、檸檬和蔓越莓等多種風味之純粹系列膠原蛋白。

勇敢面對挫折，一切都會過去

談起創業，陳定宥感謝一路上顧客的支持與貴人的扶持，屬於保健食品類的 Best Care 100% 純魚膠原蛋白粉才有機會深受大眾的信任，並且持續回購。未來更要跨出電商領域，走向實體通路，期盼在康是美、啄木鳥等藥妝店上架；將與酵素、益生菌等廠商進行異業合作，並規劃新增擴香、沐浴乳等產品，呼應著 Best Care 呵護自己、珍愛他人的品牌理念。

「創立一個品牌並不難，難在於決定要創業以後，未來在面對困難與挑戰時，是否能堅持下去，努力完成它，能夠有家人的支持必然重要，才會有持續做下去的力氣。」陳定宥所說的困難和挑戰，是印錯字樣淪為公關品的膠原蛋白包裝，也是人力不足包貨、工作至凌晨五點而身心俱疲的自己。

「人生沒有如果，卻有很多的但是。」這句話的意義究竟為何，恐怕要親自經歷過的人才能細品而後明白，或許從他創立的品牌 Best Care 和他的個人故事中，能夠窺知一二。

圖：陳定宥表示，創業勢必要付出和努力，否則就沒有收穫

給讀者的話

就像生在地獄的創業前期，或你下了任何人生的決定，要讓人能夠有足夠的相信，時間會證明。人生沒有回頭路，再如何身後的痕跡必然跟著你，下任何決定之前三思而行。

品牌核心價值

創新 (Innovation)、純粹 (Purity)、關懷 (Caring)。

經營者語錄

品牌創立很容易，能做得了多久看自己的努力，信譽的維持更不是能省力，不要怕對手比你有條件，比你強大，如果你有足夠的心，你就有機會贏。

錠融貿易有限公司 Best Care

官方網站：https://www.bestcarc.tw/

Facebook：陳定宥 / Best Care

Instagram：@tingyuoo / @bestcare_every

粉漿蛋餅
老木手作

圖：老木手作希望將新鮮手作的純粹，傳遞給每個為生活努力的人們

市井中的美食藝術：宛如精品的職人手工蛋餅

有著如同愛馬仕精品的細膩手工，同時包含天馬行空的創意口味，「老木手作粉漿蛋餅」完美融合傳統與創新，讓它在短短三年的時間，成為彰化鹿港小鎮在地人的早餐愛店。然而，老木手作品牌主理人王夢潔的夢想並不僅止於此，她更希望能將每份蛋餅變成溫暖的媒介，引領人們回憶起母愛的味道。

結合台灣在地元素，創意無極限的蛋餅口味

說話時帶著溫暖笑容的夢潔，無論晴雨，總是元氣十足地為顧客準備早餐。過去，她的母親也曾開過早餐店，每天清晨她都會被煎台的聲響與迷人的煎蛋香喚醒，母親親手製作的蛋餅味道，是她心中無可取代的幸福記憶。

然而，921 大地震摧毀了母親的早餐店，夢潔一家人因此搬到彰化。隨著時間流逝，某些記憶漸行漸遠，但有些記憶卻更為深刻；她的新夢想逐漸發芽——希望能像母親一樣，為每一位早出晚歸、努力生活的人，製作出豐盛美味的早餐，為他們嶄新的一天注入活力，因此她以老木（台語「媽媽」之意），創立了老木手作。

人文氣息濃厚，有著許多老字號美食的鹿港小鎮，是許多遊客到彰化的必訪之地，如何在這競爭激烈的餐飲業中，讓品牌站穩一席之地，成為夢潔創業之初必須深思的問題。她說：「我一直期許自己，要做，就要做跟別人不一樣的東西，讓品牌無法被輕易取代，別人或許能偷走你的創意，但偷不走你腦袋裡的東西。」

圖：儘管老木手作的店面並不大，但憑藉著獨特的蛋餅口味，逐漸擄獲不少饕客的心

並非餐飲專業出身的夢潔更能跳脫框架，創意發想出許多獨樹一幟的蛋餅口味；例如極受歡迎的「霸氣外肉」，不使用外面市售的冷凍蛋餅皮，每天手工新鮮製作粉漿餅皮，再搭配秘製的爌肉和滿滿的蔥花與蛋，每咬下一口都有種「能量回血」之感。

除了 13 種美味且經典的蛋餅口味，每個月老木手作還會推出期間限定，讓粉絲大為期待。例如，使用香菜製作蛋餅皮，配上台灣經典小吃豬血糕，並灑上滿滿花生粉的「豬血糕蛋餅」；又或是以草仔粿製成蛋餅皮，內餡搭上傳統菜埔米跟 QQ 麻糬，充滿濃厚客家風情的特色蛋餅，讓饕客們大感台灣小吃果真創意無極限。

至今，夢潔已經研發近 50 種創意蛋餅，蛋餅皮的部分她也嘗試使用竹炭、九層塔、紅麴或抹茶等食材，使每一款蛋餅都獨具特色，不少外國遊客也能由此體驗到台灣美食文化的豐富性。她表示，「儘管堅持手工自製蛋餅皮，會耗費更多時間和心力，但聽到顧客說『你們真的跟一般早餐店很不一樣』時，這些辛苦便都值得了。」

圖：非餐飲專業出身的夢潔更能跳脫框架，創意發想出許多獨樹一幟的蛋餅口味

圖：老木手作推出獨一無二的秘制招牌醬與手炒辣椒醬「小辣妹」，其鮮明的風味讓人食慾大開

不只是早餐，更是愛與關懷的日常陪伴

期盼顧客在每份餐點都能品嚐到宛如母親的愛，開朗又溫暖的她，在服務顧客時，則像個鄰家小姐姐，總是體貼地關懷每個來訪的顧客；對於外地來的遊客，她會熱心提供當地人才知道的旅遊建議，希望他們在鹿港能玩得開心。平時，若碰上特殊節日，比如象徵愛情的 5 月 20 日或是生日，她也會提供客製化服務，在餐盒上畫圖並寫下祝福或關懷的話語，協助顧客向所愛之人表情達意。

夢潔說：「我希望能與每一位顧客成為朋友，不少外地顧客都能感受到這份心意，他們甚至會特地定期到鹿港支持我們，這讓我很窩心，彷彿過往那些因為創業承受的壓力和流下的淚水，都顯得微不足道。」老木手作創立於 2019 年，開業沒多久就面臨新冠肺炎疫情的侵襲，觀光人潮銳減，影響鹿港在地的餐飲業。即使挺過了新冠疫情，2023 年又爆發台灣史上最久蛋荒、價格飆漲的「蛋價之亂」，創業的每個階段都顯得困難重重。

圖：細心關懷每一位顧客，期盼顧客在每份餐點都能品嚐到宛如母親的愛

然而對於創業者而言，最難的還是草創時期。她坦言，由於是一人作業，從文宣製作、商品拍攝到行銷推廣，每個環節都必須親自執行，這讓她感覺似乎每天都在打硬仗，有著層層難關需要破解。不過，她並沒有向困難屈服，堅韌且積極的性格反而讓她激發更大的能量，她相信，沒有解決不了的事情，只有解決不了的心情；先處理心情再處理事情，就能達到事半功倍的效果，化解每一個困難。她說：「我是一個相當有好奇心的人，喜歡自己尋找答案，我認為這是創業者成長的最快途徑。」

彷彿在電玩中打怪升級，夢潔的創業之路隨著時間的推移，內在與外在的「裝備」變得愈加完整。許多人也開始詢問加盟的可能性，目前她正積極思考如何將她頭腦中充滿創意的點子和想法，轉化為更有系統、更具效率的加盟模式，期待能讓人們看見蛋餅的無限可能，並以此溫暖陪伴每個人的日常。

圖：每一份蛋餅不僅僅是一道料理，而像是一份充滿愛與關懷的溫馨禮物

圖：老木手作粉漿蛋餅品牌主理人王夢潔

品牌核心價值

沒有華麗包裝，卻有滿滿的溫度，「老木手作粉漿蛋餅」想將這樣新鮮手作的純粹，傳遞給每個為生活努力的人們！這不只是一份早餐，更是一份重新開始的早餐，一份傳承於母愛的真心，一份找回初衷的粉漿蛋餅。願做出最有溫度的蛋餅，願這溫暖陪伴每個人的日常。

給讀者的話

面對陌生領域沒人是不害怕的，如果你也想為自己多努力一點，勇敢跨出那一步吧！方法有千千萬萬種，怕的不是沒方法，而是不想做。沒資金沒人脈並無妨，就用最簡單、低成本的方式盡力做到完美。

經營者語錄

不做不會怎樣，但做了會很不一樣。萬事起頭難，有些事不是看到希望才堅持，而是堅持了才看到希望。

老木手作 粉漿蛋餅

店家地址：彰化縣鹿港鎮德興街 24 號

Facebook：老木手作 粉漿蛋餅

Instagram：@laomu_2019

二水町 涼心事業
二水三京 涼心事業

圖：以老物新創為理念，將懷舊零食融合甜品，重現台灣獨特且經典的美食文化

創意冰品，玩出好滋味

炎炎夏日，每每走進冰品店，總是被紅豆、綠豆、仙草、珍珠，琳瑯滿目的配料弄的眼花撩亂、選擇障礙大爆發嗎？對於這種困擾，在台北市和新北市擁有兩間冰品店的「涼心事業」：二水三京和二水町，有個創意解答：「小朋友才做選擇，我兩個都要！」，邀請嗜甜品的人們，使用特製的鴛鴦碗，自選兩種冰底、四種配料，創造屬於自己風格的創意甜品。

支持小農，致力打造良心事業

二水三京和二水町是由一群好朋友 Frank、世豪、元瑋、瑋宸、郁淳、玉鳳、鈺婷、孟庭，共同創立。喜愛甜品的他們，有感於台灣許多古早味特色零食和甜點日漸式微，於是在 2023 年，以「老物新創」為理念，將懷舊零食融合甜品，邀請大家一同重溫台灣獨特且經典的美食文化。

店長黃世豪表示，二水三京和二水町特別推出「復刻回憶」系列冰品，將經典零食如旺仔小饅頭、跳跳糖、麵茶和菜燕等等，與冰品碰撞出有趣滋味。這款復刻回憶冰品吸引不少年輕父母特地帶孩子來品嚐，向他們分享自己兒時的美好回憶。

此外，他們致力於支持在地小農，不少食材都使用台灣本土農產品，如大甲的芋頭、關西的仙草和萬丹的紅豆，希望能從自家品牌做起，為本土農業盡一份心力。黃世豪說：「儘管這會增加成本，但我認為這樣能藉此回饋社會，目前共有八位夥伴一起經營，我們一致都希望支持小農，打造一個『良心事業』，不求多大利潤，只要不虧錢就好了。」

圖：二水三京和二水町堅信，一家企業的勝利來自於團隊，而非個人，
好的員工是夥伴亦是家人

大玩懷舊風，走進時光隧道嚐冰品

散發濃厚的復古風格，同時卻帶了一絲文青感，這是不少顧客特別喜愛二水三京和二水町的原因。兩間店都特地精心收藏一些具有懷舊氛圍的物品，如年代久遠的剉冰機、電話和飲水機，彷彿將人們帶回過去那個簡單而溫馨的年代。店裡最顯目的物品，無非就是兒時回到阿嬤家就能看見的巨大菜櫥，菜櫥上擺放各式各樣有趣的古早味零食，無論是大人還是小孩，都會不禁流露出一絲微笑，彷彿步入時光隧道，想起小時候下課偷吃零食的點點滴滴。

圖：舒適的用餐環境和獨具特色的冰品，二水三京和二水町成為人們聚會、放鬆和品嚐美食的最佳選擇

浸淫在復古氛圍中，他們也熱切希望從中激盪出更多有趣的創意。台灣的經典小吃—刈包，通常包著豬肉、酸菜、花生粉等內餡，而他們卻帶來令人驚喜的創意，推出手掌大小的甜刈包系列，將傳統刈包與甜點結合，為顧客帶來獨特的口味體驗。其中，內餡包著芋頭和鹹蛋黃的甜刈包最具特色，芋頭的香甜與鹹蛋黃的濃郁相互融合，帶來層次豐富的口感和風味，讓不少人感到別出心裁；另外，Q 彈的珍珠結合香甜的芋頭，讓人大為驚喜的品項。

每個月他們還會推出隱藏版菜單，為顧客帶來更多驚喜。黃世豪表示，適逢端午節特地推出「芋情故粽」冰品，底層有每日現煮、古法熬製的蔗糖，還有芋頭冰沙、鹼粽、湯圓和珍珠等配料，整碗冰相當澎湃；吃膩一般口味的冰品時，隱藏版菜單讓忠實顧客更加期待。暑假期間，二水三京和二水町還推出許多人青春記憶的思樂冰，搭配夏季盛產水果，讓七、八年級生顧客無不陷入一片「回憶殺」。

以冰品與飲料創業，二水三京和二水町開創出獨具特色的風格，產品上更具創意及巧思，也會適時推陳出新，吸引顧客關注。黃世豪表示，不少人都覺得做飲料或冰品，整個市場已經飽和了，「但是若能做出跟別人不一樣的地方，具有品牌差異性，我相信就會有競爭力。」與一群好友工作和創業至今，黃世豪相當有成就感，儘管台灣現正面臨缺工潮，招聘員工不易，但他說：「雖然創業會花更多時間，但能和好朋友一起在愉悅的氛圍下工作，做自己喜歡的事情，這讓我感到非常開心。」

展望未來，二水三京和二水町充滿盼望，他們希望透過甜品，喚回人們美好的回憶，讓每一位顧客品嚐甜品的同時，也能夠感受到濃厚的情感與溫度。雖然已有不少人詢問加盟事宜，他們卻並不急於拓展業務，而是深知成功的關鍵在於穩定和品質，因此希望穩扎穩打，一步一步地發展與壯大。

品牌核心價值

不斷創新、優化，滿足顧客多元需求，致力於創造優質的消費者體驗，且堅守誠信原則，確保顧客吃得安心。

經營者語錄

品質是擁有良好顧客關係的最佳保證。

給讀者的話

心存夢想，機運就會籠罩著你；心存希望，幸福便會降臨於你；心存堅持，快樂就會常伴著你；美麗的生活由心而定！願人人都能實踐內心的夢想。

二水三京 涼心事業 / 二水町 涼心事業

店家地址：台北市大同區酒泉街 66 號 / 新北市板橋區中山路二段 85 號

Facebook：二水三京 涼心事業 冰品專賣店 / 二水町 涼心事業 冰品專門店

Instagram：@icecoolyummy / @twoiceyummy

創業名人堂 第五集
Entrepreneurship Hall of Fame

作　　者——灣闊文化
企劃總監——呂國正
編　　輯——呂悅靈
撰　　文——張荔媛、劉佳佳、吳欣芳
校　　對——林立芳、許麗美
排版設計——莊子易
法律顧問——承心法律事務所 蘇燕貞律師
出　　版——台洋文化出版有限公司
地　　址——台中市西屯區重慶路 99 號 5 樓之 3
電　　話——04-3609-8587
製版印刷——象元印刷事業股份有限公司
經　　銷——白象文化事業有限公司
地　　址——台中市東區和平街 228 巷 44 號
電　　話——04-2220-8589
出版日期——2023 年 9 月
版　　次——初版
定　　價——新臺幣 550 元
I S B N——978-626-95216-4-7(平裝)

Printed in Taiwan

國家圖書館出版品預行編目資料：(CIP)

創業名人堂 . 第五集 = Entrepreneurship hall of fame/ 灣闊文化作 .
-- 初版 . -- 臺中市 : 台洋文化出版有限公司 , 2023.09
面 ;　公分
ISBN 978-626-95216-4-7(平裝)

1.CST: 企業家 2.CST: 企業經營 3.CST: 創業

490.99　　112012772